KB127023

아이들은 그들의 생명력으로 힘차게 날아오른다

내 삶은 내가 살게

네 삶은 네가 살아

글 옥영경 자유학교 물꼬 교장

한울림

[일러두기]

1. '자유학교 물꼬(이하 물꼬)'는 글쓴이가 꾸려가는, '아이들의 학교'이기도 하고 '어른의 학교'이기도 한 산골 작은 배움터입니다.
2. 글쓴이의 아들은 이 책에서 '한단'이라 부르기로 합니다.
3. '날적이'는 날마다 적는 기록(물꼬 누리집에 써왔던), 일기입니다. 가끔 한단의 날적이도 등장하는데 그의 날적이를 다 알 리는 없고, 엄마가 그에게 간간이 보여 달라고 한 것이 엄마의 기록더미에서 나온 것입니다(한단의 날적이는 가능한 한 원문대로 옮김).
4. '무식한 울 어머니'는 글쓴이가 자신의 어머니를 부르는 애칭입니다.

서문

아이는 좋은 어른을 보면서 배우고 자란다

1. 엄마로

한단, 잘 지내지?

아무렴 잘 있을 테지, 네가 잘 지내는 게

엄마를 돕는 것인 줄 아는 그대이니.

나도 잘 지내,

내가 잘 지내는 것이 네게 짐이 안 되는 일인 줄 아니.

부모니 형제니 벗이니

서로 아쉬운 소리만 아니 해도 돕는 거더라.

좋은 엄마이기까지는 어렵더라도 내 삶은 내가 살게,

너는 너의 삶을 잘 살아내렴.

2. 교사로

훌륭한 교육자들을 보면 주눅 들곤 하던 때가 있었다.

그들이 나에게 해코지를 한 것도 아닌데 스스로 상처 입고,

뭔가 실패한 느낌으로 괴로웠다.

그런데 어느 날 내가 그만한 그릇이 아님을 인정하자,

평온은 쉽게 찾아왔다.

더불어

아이들은 가르치는 대로가 아니라,

본 대로 배우고 있음을 깨달았다.

아이들 곁에 있는 우리 모두가 이미 '교육자'였다.

3. 나로

나는 30년 넘게 아이들과 만나왔고,

스물둘이 된 아들을 두었다.

산마을에 깃든 지 20년,

대단히 훌륭하지 않아도 내 움직임들은 의미가 있었다.

나는 아이들에게 관심이 많고

그들의 농담을 이해하는 한 사람이며,

그들의 삶에 동행하는 일이 무엇보다 기껍다.

내 가난한 삶에도

그들에게 자잘하게 나누는 게 있다는 사실이 더없이 느껍다.

또한 누군가 도움을 청할 때

그를 위해 무언가 하는 것들이 내 삶을 밀어간다.

좋은 사람이 되려는 노력을 포기하지 않는 것이

좋은 선생이 되고, 좋은 엄마가 되는 길이라는 것을 나는 믿는다.

4. 책으로

중학교 3학년까지

학교를 다니지 않고 산골에서 지내던 내 아이는

열일곱 살이 되어 읍내의 고등학교에 진학한 뒤

서울대학교 생명과학부와 대전 소재 의과대에 합격했다.

사람들이 물었다, 아이를 어떻게 키웠냐고.

이 책은

산골에서 아이와 엄마가 무엇을 하고 살았는가에 대한 기록이다.

시간으로는 아이가 제도권 학교에 간

열일곱 살을 중심으로 전과 후를,

내용으로는 학습의 기초가 되는 밑바탕이 무엇이며

교육에서 중요하게 다루어야 할 것들이 무엇일까,

그 속에서 어른의 역할은 무엇이고
아이들에게 어떤 걸 허용하고 불허해야 할까,
아울러
우리가 결코 저버리지 않아야 할 것은 무엇일까 들을 이야기한다.
우리 모두 교육을 위해 산으로 가자는 게 아니다.
그럴 필요도 없고.
바닷가에 사는 아이는 바다를 안고,
도시에 사는 아이는 빌딩을 안고
저마다 사는 곳에서 자기의 길을 만들어 가면 될 것이다.
제도권 교육·대안교육·홈스쿨링 중 무엇을 선택하느냐가 아니라,
중요한 것은
'어떤 생각'으로 '무엇을 하며' 살아가는가의 문제 아니겠는지.

교육은 결국 부모 자신의 삶에 대한 가치관을 담는 일이겠다.
세상이 어떠하든 결국 자기가 선택하는 대로
아이를 교육시키지 않던가.
우리는 모두 주변 상황에 끌려 다니고 싶지 않지만,
그렇다고 세상과 연을 끊을 수도 없는 고민을 하고 산다.
이 책은 그 어디쯤을 서성인 이야기이다.
엄마로서, 교사로서 내 부끄러움과 실패는 이루 말할 수가 없다.

이 책을 읽는 이의 타산지석(他山之石)을 믿는다.
좋은 돌을 발견한다고 다 내 돌이 될 수도 없다.
세상을 좇아가느라 힘을 뺄 게 아니라,
저마다의 삶을 잘 챙기는 것으로 교육하자!
어려운 때일수록 원칙을 지키듯
교육에서도 끊임없이 흔들려도 줄에서 떨어지지 않는
균형과 방향을 생각해보는 시간이면 좋겠다.
애초 내 아이가 말 잘 듣고 퍽 완벽한 아이였던 건 아닌가,
그리 오해를 살까 하여 덧붙이자면
긍정적으로 아이를 보는 어른의 눈이 있었다는 걸
꼭 말하고 싶다.
아들을 비롯해 이 책을 쓸 수 있도록 재료가 되어준
자유학교 물꼬의 우리 아이들, 고맙다.
아이들의 성장사에 같이 걸었던 어마어마한 경험은
내 삶의 넘치는 다복(多福)이었다!

글쓴이 옥영경

차례

3장 가치를 찾는 삶

배우며 살아가는 데 중요한 것

4장 스스로 만드는 삶

아이들도 제 삶을 산다

여는 글

모든 교육을 허(許)하라

나무는 나무로 자라고, 꽃은 꽃으로 피고, 사람은 사람으로 자신의 삶을 산다. 수고롭지 않은 생이 어디 있을까, 그대도 나도 우리 아이들도. 우리 모두 다만 이 생을 산다. 저부터 잘 살 일이다.

내가 나를 사느라고 정신없는 사이, 내 아이 한단은 어느새 스물두 살이 되었다. 삶의 숱한 일들이 그러하듯 다시 아이를 키운다면 잘할 수 있을 듯하다. 그러나 안다, 사실 별반 다르지 않으리라는 걸. 내가 변하지 않는 한 변하는 것은 없을 테니.

부부가 집안일을 놓고 자신이 한 일에 대해 논할 때 갖는 생각의 차이만큼이나 아이와 엄마도 그에 못지않다. 나는 잔소리라고는 모르는 사람인데, 아이는 나에게 잔소리 많은 엄마라고 한다. 도대체 그 엄마는 누구였더란 말인가. 나와 내 아이는 그렇게 자주 미워하고, 화내며 서로를 못마땅해 한다. 하지만 우리가 '같이' 보냈던 그 많은 물리적이고 객관적인 시간은 서로를 너무 잘 알게 해서, 우리는 다시 껴안을 수밖에 없고 결국 서로를 마주보고 눈물이 삐져나올 만치 웃을 수밖에 없다. 영화 〈대부〉 어디쯤에서 나왔던 '서로 아껴주며 사는 거다'라는 대사처럼.

나는 남들처럼 살 수 없다는 걸 일찌거니 깨달았다. '자발적 가난', '생태', '공동체', 이 같은 이름들이 내 젊은 시절을 함께했고, 나는 물 흐르듯 산골에 깃들었다. 신념이나 용기 그런 것으로 살게 되었다기보다 사실 살아가다보니 그냥 그리되었다. 일이 '그리' 되었듯, 결혼을 하고 아이도 낳았고, 아이는 자랐다. 부모교육이 안 되어도 부모가 되었고, 맞는가 하며 키웠고, 아닌가 하고도 키웠다. 어제는 잘 키운다 싶다가도 오늘은 이래도 되나 좌절하는 게 낮과 밤처럼 잦아 끊임없이 갈등하는 여느 모습과 다르지 않았다.

교육문제로부터 어느 누가 자유로울 수 있을까. 대한민국 전 인구가 다 관여하는 유일한 문제랄 수도 있는 주제가 바로 교육 아니던가.

산골에서 아이를 키우는 동안 사람들이 찾아와 '나도 당신처럼 자유롭게 아이를 키우고 싶다'고 말했다. 그들과 내가 굳이 차이가 있었다면 나는 그들처럼 아이를 키우고 싶지 않았다는 것이다. 그것은 내가 더 나아서가 아니라, 그들처럼 할 자신이 없으니 그냥 이렇게 살았다는 게 더 솔직한 말이거나 삶을 내 흐름대로 사는 결정을 하고서 그리 살았다는 게 사실에 더 가까운 말이다.

아프리카 동물의 세계를 다룬 다큐멘터리를 본 벗이 내게 들려준 이야기다. 사슴 한 무리가 사자에게 쫓겨 도망가는데, 그 무리에서 약한 것들을 빼놓더란다. 허약한 것들을 보호하기 위해서가 아니었다. 줄의 맨 뒤로 보내 사자의 먹이가 되는 동안 다른 사슴들이 멀리 달아나기 위해서였다. 약한 몇몇 때문에 내 새끼가 희생양으로 넘겨지지 않도록 하려는 것, 바로 이 시대, 이 나라 학부모들의 모습이 아닐지. '교육'이란 이름으로 우리가 그토록 목매는 것은 결국 이 시대에서 어떻게든 내 아이가 살아남게 하겠다는 것 아닌지.

열아홉 살이 된 아이에게 이 이야기를 들려주자, 아이가 내게 말했다.

"입시와 교육은 근본적으로 같이 갈 수 없는데, 그것이 같이 가는 게 문제인 거죠!"

'입시'는 특정인을 선발해야 하고, '교육'은 보편에 대해 다루는 것이다. 입시는 선별이고, 교육은 포용이다. 입시는 경쟁이지만, 교육은 너그러움의 문제라고도 하겠다. 어떤 면에서 이 책의 이야기들은 결코 좁힐 수 없는 거리로 달려가는 두 길을 절묘하게 합칠 방법이 전혀 없진 않다는 얘기일 수도 있다.

한단은 지방 소읍의 고등학교에 다녔다. 지방의 고등학교에는 농어촌전형이라는 제도가 있었지만, 아쉽게도 아이는 해당 자격이 안 되었다. 중학교 3년을 포함한 제도권 교육 6년 이상의 이력이 있어야 했는데, 아이에게 제도권 학교의 경험은 고등학교 3년이 전부였기 때문이다.

졸업 무렵, 시골 고교의 학교 정문에는 그의 서울대학교 합격 현수막이 붙었다. 아이는 명문대를 가기 위해 공부한 게 아니다. 하고 싶은 공부를 하기 위해 선택한 학교에 가려고 했을 뿐이다. 대학 관문을 통과한 것은 절대적으로 애쓴 학교와 아이가 한 일이다. 결과적으로 요즘 입시에 대해 전혀 알지 못하는 나로서는 아무것도 하지 않은 걸로 아이를 도운 셈이 되었다.

한단은 대학 합격통지서 가운데 대전 소재 의과대로 입학을 결정했다. 다행이었다. 그 안도감은 좋은 대학을 갔기 때문이라기보다 아이가 꿈꾸는 '시 쓰는 뇌과학자'에 가까운 걸음이기 때문이다.

아이가 고등학교 기숙사에서 보내는 3년 동안 통화하지 않은 저녁이 드물다. 그 시간을 포함해 거의 떨어진 적 없이 붙어있던 아들과 엄마는 20년을 무사히 통과했다. 삶이란 게 이렇게도 살고 저렇게도 살지 않던가. 제도권 교육이냐, 제도권 교육이 아니냐가 문제는 아니었다.

아이들은 강하다, 우리가 아는 것보다 훨씬 많이, 엄청. 세상의 모순을 다 견뎌내고 가방 둘러메고 학교 가고, 어른들 꼬락서니가 어째도 하루하루를 잘 살아내는 게 아이들이다. 그리고 아이들은 영리해서 세상을 살아갈 방법도 동물적인 감각으로 잘 안다. 그들은 그들의 생명력으로 힘차게 오를지니.

'어디서, 어떤 생각으로 무엇을 하는가?'
'삶에서 우리가 진정 바라는 것은 무엇일까?'

어떻게 살아도 단 한 번뿐인 삶이다! 제멋으로 살았고, 우리는 앞으로도 그렇게 살아볼 참이다.

1장 — 자유로운 삶

“학교를 왜 가겠다는 거래?” 아이에게 물었다

열 살 농부,
열다섯 살에 마을반장이 되다

산속 마을은 사람과 사람, 집과 집 사이의 거리가 벽 하나뿐인 도시 속 아파트보다 가깝다. 우리 집 밭고랑 하나를 놓고도 마을 어르신들 중 누구는 그 이랑이 높다고 하고, 또 다른 누구는 낮다고 하며 우리 밭가에서 마을의 여론은 자주 상반되었다. 그리고 길을 지나다가도 내 얼굴만 보면 마을 어르신들이 늘 하는 걱정이 있었다.

"아가 테레비도 안 보고, 학교도 안 가고… 이 산골에서 어쩔라고 그랴?"

"저리 잘 짖기는데(말을 잘하는데), 학교는 왜 안 보내고 그랴?"

어르신들은 열 살 아이에게도 자주 물으셨다.

"집에서 안 심심해?"

아이는 바삐 소리치며 지났다.

"(제가) 농사짓느라고 얼마나 바쁜데요!"

아이는 어른들이 짓는 논밭에 일손도 거들었지만, 밭을 분양해 달라고 하여 자기만의 농사를 시작했다. 말이 농사지 콩 한 줄, 고추 모 여남은 개, 땅콩 몇 알, 푸성귀 몇 가지였지만, 꼴에 밭이라고 그것들이라도 자라려면 손이 가야 했다. 그런데 밭가에 이르는 길은 풀이 무성할지라도 제 밭은 반질반질 무슨 다림질을 해놓은 양 풀싹 하나 보기 어렵도록 매끈했다.

아이가 그 밭을 두고 여름방학을 미국에서 보내야 할 일이 생겼었다. 방학이 끝날 때쯤 한국으로 돌아왔을 때 아이는 짐을 대문 앞에 그대로 둔 채 밭으로 제일 먼저 달려갔다. 같이 살던 삼촌들한테 제 밭을 좀 돌봐달라고 부탁은 했지만, 일 많은 산마을에서 아이의 밭까지 챙길 수는 없을 터! 하니 그 밭이 어디 밭이었겠는가, 초원이지.

"어머니, 어머니! 엄마, 엄마, 엄마!"

숨넘어갈 만큼 요란하게 달려온 아이는 나에게 손을 펴보라고 하더니, 가만가만 손바닥에다 뭔가를 올려놓았다.

◉•◉•◉

열 살 농부의 하루

산골에 들어간 초기, 젊은 사람들 여럿이 모여 함께 농사를 지었다. 그러나 일의 익숙함으로서도 사람의 다양성을 살피기에도 우리는 너무 젊었고 그만큼 서툴렀다. 때로는 서로에게 상처를 입고 또 입히면서 끝내는 뿔뿔이 흩어졌지만 땅은 그대로 남았다. 묵정밭이 늘어가고, 태어나는 이는 없이 다시 볼 수 없는 이들만 늘어나는 여느 농촌처럼 우리가 짓던 땅조차도 묵히는 범위가 넓어졌다.

공기 좋은 곳에 자리를 잡고 산다는 것만의 매력이라면 굳이 이 마을이 아니어도 되었다. 하지만 새로운 학교를 실험하는 교육의 터전이 있고 우리 손으로 최소한의 먹을 것을 얻는다는 의미에다, 소소한 기쁨이 생을 채운다는 것을 알아버린 곳을 떠나 애써 다른 곳으로 옮겨갈 이유 또한 없었다.

들에서 산에서 배우는 것들로도 충분했고 기뻤다. 예사로운 말이지만 또한 평범하지 않은 말이기도 하다. 산골에서 사는 일이 비가 와서, 볕 나서, 바람 불어 날마다 하늘에 고마운 것처럼 더 무엇이 필요하다는 생각을 하지 않았다. 책도 있고, 종종 사람들이 와서 머물기도 했으니까.

규모야 얼마 되지 않았지만 손 서투른 사람들에게 '유기농'이란 죽도록 고생했는데 벌레들한테 갖다 바친 게 더 많고, 산기슭 밭이라는 데는 새, 두더지, 고라니들을 배불릴 일이 더 많다는 말과 같기도 하다. 바쁘게 몸을 움직이는 것에 견주면 형편없는 수확이었다. 그래도 봄이 오면 또 농사를 시작했다. 푸성귀부터 고구마, 감자도 놓고 옥수수와 콩도 심고, 고추와 배추와 마늘을 키워 수백 포기 김장을 했다.

논농사를 지은 것도 여러 해, 우렁이를 제때 넣으면 그들이 풀을 먹어 힘들 것도 없던 논이었지만 피가 올라오기라도 하면 그것을 뽑으러 간 것도, 가을이면 허수아비만으로 모자라 새를 쫓는 것도, 아침마다 물꼬를 보러 간 것도 어른들보다 아이가 더 자주였다. 소나기가 저 마을 끝에서부터 막을 치듯이 시작되면 아이는 그 빗속을 들어가 한껏 춤추다가 그 발길 끝에도 물꼬를 살피고 돌아왔다.

간장 집 앞에 있는 열 평쯤 되는 밭이 내가 농사를 짓는 땅이다. 올해도 어김없이 밭을 일군다.
이번 주 내내 밭의 배수로를 파고, 고랑과 이랑을 만들었다. 지난해에 밭 관리를 조금 소홀히 했더니 땅이 딱딱해지고, 배수로가 다 낙엽과 흙으로 묻혔다. 배수로를 삽으로 파니 이상한 벌레들이 가득했다. 그리고 그 가운데에 대자로 뻗어 있는 도롱뇽 시체. 휴~, 아직도 간담이 서늘하다.
오늘은 그 밭에 씨앗을 뿌리러 간다. 그런데 웬걸! 이랑에 덮여 있는 흙을 파보니 풀이 나온다. 며칠 전 풀을 뽑지 않고 그냥 삽으로 얼렁뚱땅 밭을 만든 게 화를 불렀다. 다시 풀들을 전부 뽑고, 밭을 만들었다.

드디어 씨앗을 뿌리기 위해 땅을 판다. 땅을 팔 때는 너무 깊게 파면 싹이 나오지 못해서 적당히 판다(정확히 어느 정도인지 말하기가 애매하다. 그냥 감으로 파는 거다). 밭에 일자로 땅을 살짝 파놓은 후 씨앗을 손에 쥐고 조금씩 뿌린다. 아무리 봐도 상추 씨앗은 정말 조그맣다. 바람에 날아갈 듯 가벼운데 어떻게 거기서 저 큰 상추가 나는지 모르겠다. 자연은 언제 보아도 신비하고, 새롭다.

(…) 상추에 고기 싸 먹을 걸 생각하니 군침이 돈다. 어린 상추는 나물로 먹고, 어느 정도 큰 상추로는 상추김치도 해 먹는다. 반찬이 하나 늘었다.

3. 15. 나무날. 더움 / 열다섯 살, 한단의 날적이 〈상추 심기〉 가운데서

자크 라캉의 '인간은 타자의 욕망을 욕망한다'라는 말처럼 아이들이 부모나 주변의 기대대로 하려는 욕망을 가졌다고 하지만, 그것만으로 설명하기에 산골 일은 종류도 많고 범위도 넓고 강도도 셌다. 가끔 우리 부부는 한단이 아들이기에 망정이지 하는 농담을 했다. 아버지의 부재가 길었고, 별다르게 재미난 게 없었기 때문에 그렇게 살았던 것 같다고 훗날 아이가 말했지만, 그때는 어쨌든 그게 아이에게 삶이었고 재미였다. 그리고 그 현장에서 만나는 모든 사물이 아이

의 선생님이었다. 호두나무, 곤줄박이, 돌….

농사짓기에 더하여 산과 들을 다니며 하는 채취도 우리의 중요한 농사였다. 사람들에게는 잊힌 풀들이 우리 집 밥상 위에 올랐다. 담근 간장, 된장, 고추장이면 별다른 요리법도 필요치 않았다.

아이는 나물을 다듬을 때면 말했다.

"이렇게 해 보면, 장에서 잘 다듬어 파는 나물 비싸다고 못한다니까요!"

아이는 다른 직업은 다 사라져도 농부는 있어야 하는 줄도 알고, 먹을 것 귀한 것도 알며, 그래서 농민에 대한 국가정책도 귀여겨듣고 다국적기업이 세계 농경제를 어떻게 재편하는지도 찾아서 읽었다. 경험 안에서 이해하는 타자의 삶이랄까.

산골 배움에 농사가 옳다, 그런 답이었으면 좋겠지만 우리가 걸어온 길은 자연스러운 선택이었다. 자연에 살아보니 정말 그만한 학교가 없더라, 농사를 지어보니 그게 큰 배움이더라, 그렇게 흘러온 바 크다. 그런데 엄마는 자신의 삶에서 농사가 차지하는 비중이라는 게 겨우 풀 뽑고 수확 때 거드는 것, 그리고 거둬들인 것 해먹는 게 고작인 얼치기 농부. 이왕이면 농사에 좋은 스승이 있으면 좋을 텐데, 마을은 모두 관행농(관행적인 농업)이었다.

열두 살 언저리 한단은 이웃 마을의 유기농 농장으로 공부를 떠났다. 30년을 유기농으로 사과며 포도며 재배해서 유기농 협동조합(한살림)에 공급하는 어르신이 계셨다. 열두어 살 안팎 세 학기를 주마다 한 차례, 저녁이면 그 댁으로 건너가서 자고 이른 아침부터 저녁까지 일을 거들고 돌아왔다.

때로 안마도 하고 설거지도 하고 새참 심부름도 하면서 먹을거리들을 받아오기도 하고 거기서 키우는 닭을 실어오기도 했다. 일도 일이지만 땅에 관한 일로 일가를 이루신 어른 숨결 아래서 그분의 삶을 보고 배우란 뜻이 더 컸다. 어른은 그 말도 안 되는 어린아이를 거두어 옆에 두시고 농사일을 일러주고, 농사용 소형 트럭과 굴착기, 트랙터 운전도 가르쳐주셨다. 물론 농기계는 어르신 계실 때만 꼭 썼다.

열다섯 살에 마을반장이 되다

이 마을에 처음 발을 들여놓을 때는 없던 아이가 태어나 열다섯이 되었네요. 오늘 점심 무렵 마을에서 이장 선거가 있었고, 이어 저녁에는 부녀회장 선거가 있었습니다.

"교장선생님이 바쁘지만, 그래도 좀 해주면 안 되겠어?"

"마을에서 오래 살았는데, 이제 동네일도 좀 햐~."

어르신들이 그러십니다.

"바쁜 줄 알지만, 좀 햐."

"아도 저리 컸는데, 한단이 네가 반장 하면 되겠네."

"할 일도 그리 없어. 이장이 시키는 것 몇 번만 하면 되야."

하네, 못하네 하다 결국 맡기로 합니다. 그 정도 마을일 못 돕겠는지요. 아이가 아직 미성년자이니, 직함은 제가 받고 반장 일은 아이가 하기로 합니다.

100여 호였던 대해리는 30여 호의 석현리(돌고개: 대해골짝 끝마을)가 분리되고, 현재 70여 호.

학교 앞으로 아래뜸과 위뜸인 1, 2반이 있고, 마을 뒤 댓마가 3반, 새마을이 4반, 흘목이 5반입니다.

그 가운데 20여 호의 아래뜸 반장인 거지요. 그런데 어쩌다 부녀회장까지 맡게 되었네요. 마을 여자들은 다 들어있다지만, 아마도 제가 제일 젊은 축일 듯합니다.

"우리가 다 도와주께. 교장선생님은 밖에 회의나 가고 그라면 되야. 물일은 우리가 다 해."

"그럼, 그럼! 경로잔치고 뭐고, 언니들이 다 같이 하니 걱정 안 해도 되아."

'해 봅시다려.'

마침 전화가 왔던 선배에게 부녀회장 건을 들려주니, 드디어 산골 아낙네 다 되었다고 재밌다, 우습다 야단입니다.

3. 20. 물날. 비 그쳤으나 오후 흐림 / 날적이 가운데서

"이장 말 잘 들어야 혀!"

이장님이 '이장 보조, 이장님이 시키는 대로 따라 하면 된다'라고 한단의 마을반장 일을 정의해주셨다. 아이는 집으로 돌아와 당장 마을 사람들 명단을 만들고, 마을지도를 그려 집집이 그 댁 호주 이름을 써넣었다. 그리고 도표를 만들어 일마다 집집이 표시할 수 있도록 해놓았다.

… 심부름을 하면서 어두컴컴하고 쌀쌀한 저녁에 따끈한 방바닥에 엉덩이를 붙이고 차와 다과를 마시며 마을 어르신들과 담소를 나누는 재미가 쏠쏠하다. 마을반장 일을 맡고 나니, 규산질 비료는 얼마나 뿌리는지, 패화석 비료는 뭔지, 석회고토는 어디에 쓰는 건지 알게 됐다. 잘 몰라도 어르신들이 "이건 여기에 뿌리는 겨~." 하고 말씀해주신다. 앞으로 배울 게 많겠다. 아직 뭐가 뭔지 잘 모르겠지만, 반장을 맡길 잘한 것 같다(절대로 이장님 댁의 달콤한 '마 차'와 강정 때문은 아니다!).

저녁을 먹고 이장님 댁에 비료신청 서류를 정리하러 갔다. 어머니, 이장님과 함께 서류에 각각 이름, 주소, 주민등록번호, 연락처, 농사짓는 땅 번지를 농지원부에서 찾아낸 후 손으로 적고 날짜를 쓰고 도장을 찍었다.

"휴~, 다했다!"

그런데 옆에서 이장님 왈,

"이게 첫 장이여!"

이럴 수가…. 마을반장의 길은 그리 간단치가 않다.

열다섯 살, 한단이 인터넷 매체에 쓴 글 가운데서

아이 이름을 좀 많이 불렀을까

논일하러 나간 부모가 돌아오지 않은 저녁이면 어린동생을 등에 업고 누나는 솥에 쌀을 안치고, 오빠는 소꼴을 베어 왔다. 모두가 함께 먹고사는 일에 종사해야 하루치 삶이 이어지던 시절, 혹은 가족의 한 구성원으로 집안을 건사하는 일에 뭔가 제 역할을 가졌던 그런 시절이 있었다. 아이 일곱 살에 밥상 받는 게 목표라거나 나이 열두 살이면 집안을 건사해야지, 하고 생각하게 된 데는 내가 그런 시절을 지나온 '옛날 사람'이기 때문이기도 하다.

아이는 두어 번밖에 하지 않았는데, 정작 그 말을 인용하느라 엄마에게 추임새가 되어버린 문장이 있었다.

"아무래도 울 엄마는 아들 일 시키려고 학교에 안 보낸 것 같아!"

아이가 학교에 다니지 않는다고 삶을 살지 않은 건 아니다. 논에 물도 대야 하고, 콩밭도 매야 하고, 땔감도 마련해야 하고, 빨래도 널어야지, 방도 닦아야지, 설거지도 해야지… 일이 많기도 한 산마을 낡고 너른 살림에 엄마는 아이 이름을 좀 많이 불렀을까. 책상 앞에 앉아 공부하는 것 못잖게 몸으로 하는 일도 중요한 공부라고 생각했던 엄마랑 산 까닭이기도 했다. 사실은 큰살림이어서 일이 많을 수밖에 없었고, 그걸 또 누군가는 해야 했으니, 별 뾰족한 수가 없던 사정도 있었다.

한단은 물이 새는 지붕도 고치러 올라가고, 누전차단기도 바꾸고 스위치도 갈고, 수도꼭지도 교체하고, 연탄도 나르고, 못질도 망치질도 톱질도 했다. 열한 살 아이가 엄마의 생일에 건넨 선물은 지금도 그림이 하나 올려진, 나뭇가지로 아이가 직접 만든 장식용 이젤! 조악했지만 정말 멋졌다, 우리 아이들이 만든 빛나는 수많은 작품이 그러하듯.

어린이날 기념 유기농 사과잼 만들기, 생일 기념 풀매기, 입춘맞이 공간 단장, 밤새워 놀고 일하는 하지제, … 산골의 일은 놀이이기도 했다. 일이 일로만 있었으면 그게 또 얼마나 고단했을까. 일을 일로만 바라보지 않았던 것도 그 일을 오래 할 수 있게 했을 것이다. 누군가 "몸도 좋아졌겠네"라고 하던데 일은 운동이 아니다. 그렇듯 일이 놀이가 되지 않을 수도 있다. 그런데도 놀이로 가능했던 것은 학교에 다니지 않으면서 가진 시간적 여유, 그 여유는 몸을 가볍게 하고 마음을 유쾌하게 하는 동력이 되었다.

아이 손은 보탬이 컸고, 고마웠지만 늘 미안했다. 남편은 "(아들이) 모진 엄마 만나 고생했다"고 말하곤 했다. 폐교를 중심으로 생활하는 산골의 우리 삶터는 고치고 뜯고 바꾸고 치우고 짓는 일이 끊이지 않았다. 보수공사와 개축과 수선… 그런 동류의 낱말들이 그곳에 다 있었다. 집안에서 아이도 제몫을 하면서 책임감도 배웠지만, 우리 살림 규모는 좀 지나친 면이 없지 않았다.

간밤에 아이가 울었습니다. 흙집 수도가 결국 얼고 말았지요. 아이가 물이 들어오는 관에 열선도 감고 꼭지를 틀어놓기도 했는데, 어른들이 잠시 신경을 놓은 사이 그만 언 것입니다. 흙집이 구조적으로 부실한데다, 공사할 때 수도관 부품을 요새 찾기 어려운 구식으로 해서 문제가 생기지 않도록 각별히 신경을 써오던 참입니다.
"계자(계절자유학교) 할 때까지 물 안 녹으면 어떻게 해?"
"아, 문제가 일어나면 어른들이 어떻게든 하겠지."
"학교 아저씨도 잘 모르고, 엄마도 잘 모르는 일이니까… 내가 신경 안 쓰니까 그리됐잖아."
부실한 어른들이 아이의 삶에 무게를 자꾸 더하는 것도 있겠지만, 성격입니다요, 성격!

12. 26. 달날. 맑음 / 날적이 가운데서

제도권 학교에 가면 집안일도 좀 덜 하려나 했더니, 기숙사에서 집으로 돌아오는 주말이면 아이를 기다리는 일은 쌓여있었다.

"물꼬 일은 해도 해도 표도 안 나는데…." 하는 그런 일들이 아이를 맞았다. 물꼬 일과는 달리 공부는 자기가 하는 만큼 드러나니까 재미도 더하더라나?

"공부가 가장 쉬워요."

무슨 책 제목이 아니었다. 공부만 하면 되는데 뭐 어려울 게 있느냐고. 학교에 다니니까 얼굴 보기도 쉽지 않았는데, 주말 밤이면 지냈던 이야기를 서로 보고하느라 밤새 수다를 떨며 손발로는 쌓여 있던 일을 해치우느라 바쁜 시간을 보냈다.

"고3 아들 데리고 밤새워 청소하는 엄마는 울 엄마밖에 없을 거예요."

"야, 공부가 무슨 대수라고 유세래?"

그렇게 말하는 나도 고마움으로 하는 멋쩍은 생떼였고, 그렇게 말하는 아이도 미안해하는 엄마한테 어깃장을 놓는 퉁퉁거림이었다.

물 뚝뚝 떨어지는 이 걸레를 어찌 할까요

옛 서울역사에서 열린 인문학 강좌에 강의를 맡은 일이 있다. 유명한 모 자사고 출신에 이 나라 최고의 대학을 다니던 한 친구 이야기를 꺼냈다. 듣도 보도 못한, 아니면 겨우 이름자로 아는 철학자와 철학서를 자유로이 들먹이며 엄청난 양의 책을 읽어냈던 친구였고, 마음이 고운 그여서 내 주변 모두가 사랑한 친구였다.

그가 자유학교 물꼬에 자원봉사를 온 첫날, 걸레를 빨아서 방을 닦으러 가는 그를 불러 세웠다. 걸레에서 물이 뚝뚝 떨어지고 있었다. 살면서 청소나 집안일들을 거의 해 본 적이 없다는 그였다.

일이 서툴다고 오래된 낡은 학교에 손발을 보태 도와주러 나선 마음이 낮춰지지는 않는다. 하지만 물 떨어지는 그 걸레가 어쩌면 우리 교육의 주소일지도 모르겠다는 이야기였다.

대학생들이 원룸 청소와 설거지, 빨래와 화장실 청소까지 가사도우미를 이용하는 일이 늘고 있다는 기사가 있었다. 취업 준비에 집안일을 챙길 여력이 없기 때문이라 했다. '취업에만 성공하면 전혀 아깝지 않은 투자비용'이 될 거라 했다. 요새 젊은 친구들은 정말 똑똑하다.

그것이 효율적일 수도 있고, 좋게는 일자리를 만들어주는 것일 수도 있지만 조금 다른 측면으로 보면, 사람 사는 일이 뭐라고 밥하고 설거지하고 청소하는 일상은 좀 건사하고 살아야지 않을까 싶은 아쉬움이 있다.

사람 노릇이 대체 무엇인가, 자기 주변 건사 잘하는 이들이 일도 잘하고 다른 것도 잘하던데…. 아프거나 특별한 사정이 있을 때라면 모를까, 남한테 맡기는 게 익숙해서야 되겠는가 싶은 마음 또한 사실 내가 '옛날 사람'이기 때문이기도 할 테다.

일머리와 공부머리

고등학교 들어가기 직전에야 학습적인 공부를 시작한 아이가 학교에 가고 성적이 계속 오르더니, 변방이긴 하지만 전교 1등을 하고 전국 모의고사에서는 국·영·수 상위 1퍼센트에 들더니 0.6퍼센트까지 올랐다. 우연도 있고 기적도 있고, 아무것도 없다가 공부를 조금씩 쌓아간 애씀도 있었기에 가능한 상승곡선이었다.

그런 배경에 또 무엇이 있을까? 사람의 일이란 게 어디 결정적 이유 한 가지만 있겠냐만, 농사를 비롯한 온갖 집안일로 단련된 지난 시간도 큰 까닭이 아닌가 싶다. 일을 하면서 성장한 삶에 힘이 붙는 것 같았다.

그걸 이미 알고서 작정하고 가르치려 든 건 아니다. 내가 그걸 어찌 알았겠는가. 그리고 좋은 육아서가 있다 한들 자기의 삶이 되는 것이 어디 쉽던가. 지금에 와서야 결과적으로 하는 말이지만, 일을 하는 우리 삶이 아니었더라면 아이랑 더 많은 불안을 가지고 살았을지도 모른다. 공부도 힘이 있어야 한다!

아이도 그랬다. 자기의 공부를 밀어간 근간 하나는 일인 듯하다고! 분명 일머리가 공부머리로 끌어준 효과가 컸을 것이다. 일머리라면 어떤 일의 내용 · 방법 · 절차 등의 중요한 줄거리 아닌가. 일머리를 아는 건 그 일을 어떻게 해야 할지 가늠하는 방향성과 행동성을 갖는 것이다. 그러니 당연히 일머리를 아는 아이가 공부도 잘할 수 있지 않겠는지.

"그럼, (일 시킨) 엄마 덕이네!"

공부는 아이가 했는데, 엄마가 생색을 냈다.

몇 해 전, 모 명문대에서 벌어진 동료 여학생 집단 성폭행 사건 때문에 오랫동안 부대꼈다. 아무것도 모르는 아이들도 아니고, 스물 넘은 성인들이 한 행동에 분노를 금할 길 없어 강의를 가는 걸음마다 개탄했다. 우리 사회가 공부만 잘하면 아무런 문제가 없는, 공부만 잘하는 괴물을 키운 결과가 아닌가 하고! 내 즐거움이 상대의 동의보다도 더 중요하다고 여기게 한 우리 사회의 왜곡된 성 의식은 또 얼마나 그들을 든든하게 했을 것인가. 공부로, 공부로 아이들을 몰고 갈 때 그것을 먹고 자라난 어른이 '건강한 사람', 나아가 '건강한 사회'를 이루는 구성원이 되는 건 아득한 일이 아닐까.

그래서도 '일해야 한다'는 말을 하려는 참이다. 아이들이 정신이 건강한 사람이 될 수 있도록 몸 쓰는 것도 꼭 필요한 공부다! 대단한 노동까지 아니더라도 엄마 안 찾고 밥 한 끼 제 손으로 차려 먹을 수 있고, 앞에 널린 것 치울 줄 알고, 운동화도 제 손으로 좀 빨고….

나는 내 노동이 타인의 노동을 이해하게 하고 타인에 대한 예의도 길러준다고 믿는다.

◎•◎•◎

미국에서 돌아오자마자 제 밭에 먼저 달려갔던 아이가 쫓아와 내 손바닥에 올려준 것은 제 새끼손가락만 한 풋고추였다.

"참 신기하지요? 우리가 돌보지 않는 시간에도 고추가 나고 자라요! 사람이 돌보지 않는 때에도 꽃을 피우고 열매를 맺고… 자연은 참 위대해요."

학교에 다니지 않아도 그리 아쉽지 않았던 것은 곁에서 같이 키워준 훌륭한 어른들이 있었고, 그리고 이처럼 만나는 모든 것이 또한 스승이었기 때문일 것이다.

열일곱 살, 학교를 가다

어느 날, 아이가 대안학교도 아닌 제도권 학교에 가겠다고 말했다. 열다섯 살을 지나던 무렵이었다. 아니, 왜? 여태 잘 살았고 앞으로도 그럴 수 있을 것 같은데, 왜 굳이 학교에….

"지금까지 잘 지냈잖아!"

아이는 아니라고 했다. 자기는 힘들었다고 했다. 하기야 산골생활에서 그 많은 일이 좀 힘들었을까. 적은 일은 아니었다. 도시에서 일하는 아버지는 자주 아이의 곁을 비웠고, 아이의 삶은 제가 남자 어른 한 몫보다 더 해내고 있었으니 말이다. 다른 건 몰라도 또래 친구들이 얼마나 간절했을까? 혼자서 아무리 잘 논다 하더라도….

◎•◎•◎

이제 학교에 가야겠어요

나는 아이들의 학교이면서 어른의 학교이기도 한 산골 작은 배움터를 꾸려왔다. 아이가 태어나기 전부터 하던 일이고, 시작은 도시였지만 아이가 어릴 적 산골로 들어왔다. 흔히 대안학교로 분류되지만 졸업과 입학 제도가 있는 상설학교는 아니다. 상설 과정이라곤 짧은 기간의 위탁교육이라 늘 아이들이 있는 것도 아니고, 주로 주말학교와 계절학교로 이루어져 있다.

아이가 열네 살 때던가, 계절학교를 마친 아이들이 마을을 떠나고 이곳에 그 또래 아이들만 하루를 더 묵었던 밤이다. 아이들이 '너는 시험 스트레스, 공부 걱정 없어서 좋겠다!'고 하니까 한단이 말했다.

"속 모르는 소리 하지 마! 나는 사는 일에 대한 걱정으로 항상 고달파. 수도가 얼까 봐, 보일러가 터질까 봐, 전기가 나갈까 봐, 이 넓은 공간을 청소하느라…."

그래도 그렇지, 그동안 그런대로 평안하고 행복했다. 가난했지만 충분히 유쾌한 날들이었고, 그럭저럭 넉넉했다. 사람 사는 데 그리 많은 게 필요하진 않으니까! 다행히 우리는 우리의 기준으로 잘 살았다. 아니, 지금까지 그런 줄 알았다.

이제 와서 학교는 왜? 아이는 '학교'라는 곳을 다니고 싶다고 말했다. 또래 아이들이 하는 공통의 경험을 하고 싶다고 했다. 남들도 잘 다니다가 오히려 안 다닐 생각을 한다는 고등학교를, 저는 여태 멀쩡히 잘 있다가 거길 이제 가겠다니….

아이는 대학을 가려면 그게 쉽겠다고 했다. 아니, 대학까지? 공부를 꼭 대학에 가서 해야 하느냐 말이다.

"어머니도 다니셨잖아요. 그리고 자유학교 물꼬의 삶을 선택하셨고요."

내 삶의 선택이 대학을 다녔기에 할 수 있었던 것은 아니었지만, 대학에서 세상을 다시 읽게 된 부분은 있다. 우리 세대가 다닌 대학, 그 시절에는 가슴 뛰는 발견이 있었고, 불의와 싸우던 뜨거운 연대가 있었고, 돈이 아니어도 사람을 모으던 낭만이 있었다. 선택한 가난이냐 어쩔 수 없는 가난이냐, 교사 임용에 합격하고 비제도로 가느냐 불합격하고 밀려서 남느냐, 이런 것들이 떠밀려서가 아니라 '선택'한 삶에는 대학에서 배운 것에 기댄 바 없다고는 못한다. 하지만 그런 선택의 조건이 꼭 대학인 것은 분명 아니었다.

더구나 실용으로만 기운, 보수화된 작금의 대학에서 자유로운 지적 실험을 기대할 수 있겠는가 싶었다. 진정한 공부를 위해서라면 더욱 말리고픈 대학이 아닌가 말이다.

그저 살아가는 게 중심이었던 공부

아이는 어린 시절 한때 자유학교 물꼬의 구

성원이었지만, 물꼬가 졸업과 입학이 있는 상설 과정을 없애면서 자연스레 가정학교를 시작했다. 제도권 학교에 다니지 않으니 자연스레 집에 있었던 거다. 확고한 신념이거나 특별한 대안이 있어서도 아니었다.

사실 나는 학교에 아이를 보내고 있는 부모들을 경이로운 시선으로 보고 있었다. 도저히 경쟁대열에 설 수가 없어서, 포기해서 아이랑 산골에서 살았다는 말이 더 진실에 가깝다. 산골에 사는 건 그냥 살면 되었지만, 학교에 보내는 일이야말로 내게는 용기가 필요했다. 어떤 의미에선 실패자였고, 좋게 말하면 경쟁에서 이길 자신이 없으니 다른 방식을 택한 것이다. 내 입장에서 가장 쉬운 길을 골랐던 셈이다.

아이는 가끔 '아무래도 엄마가 일 시키려고 날 학교 안 보낸 것 같다'는 우스갯소리도 했고, 내 교육에도 신경 좀 써달라며 눈을 동그랗게 뜨고 올려다보기도 했다. 그럴 때마다 '내가 뭘 가르쳐, 나나 똑바로 살게'라고 했다.

돌이켜 보면 내 인생이 더 중요했다기보다, 산골 사는 내 삶이 고달파서 나 자신을 건사하느라 더 바빴던 시간이었다. 아이들은 가르치는 대로가 아니라, 본 대로 하기에 내가 제대로 살아야 한다는 생각이 강했던 것도 까닭이었다. 그렇다고 별양 제대로 살지도 못하고 늘 허둥댔지만…. 고백하건대, 나는 헌신적인 부모가 아니었다. 아이의 교육을 위해 모든 유혹을 뿌리치고 산골로 간 게 아니라는 것을 포함해서, 앞서 말한 대로 내가 산골에서 일하게 됐고, 그게 아이의 환경이 되었다.

산골에서 우리들의 공부는 그저 사는 것이었다. 살아가는 행위에 함께하는 것. 심심하고 심심하니 책이 아이의 친구 자리를 크게 차지했다. 그나마 뭐 좀 하라고 말한 게 있다면 악기를 만져보라고 권한 것과 글을 쓰라는 정도였다. 물꼬에 온 도시 아이들이 한단에게 팔자가 폈다 말할 만했다. 그래서 아이도 공부 때문에 학교까지 갈 필요 없다는 것에 암묵적으로 동의한 줄 알았는데…. 정녕 내일 일을 누가 알겠는가.

제도권 학교에 가게 된 데는 아이의 격랑기, 바로 그 잘났다는 사춘기도 한몫했다. 중학교 2학년 나이였다. 검정고시 준비를 몇 달 하고, 고등학교 입학시험을 치렀다. 그리하여 학교에 가게 되었으니, 제 나이에 맞춰서 고등학교 1학년이었다.

어머니,
저 학원에 갑니다

머리가 길어서 댕기 머리로 땋고 다니던 사내아이는 학교에 간 이튿날 미련 없이 머리를 잘랐다.

"그냥 개기면 되지!"라는 엄마의 응원에도, "안 돼요, 벌점 받아요!"라고 한마디로 깔끔하게 정리하고는 싹둑! 엄마 말보다 학교 말이 먹히는 거다.

그리고 고3 수험생이 되었다. 아이는 독하게 공부했다. 그것도 아주 잘하고 싶어 했다. 답안지를 내면서 '내가 겨우 이렇게 쉬운 시험 보려고 그토록 열심히 공부했나!' 하고 허탈할 만큼 열심히 하겠다고 했다. 시험을 치르기 위한 객관적인 공부의 양이란 게 있다. 터무니없이 모자라는 공부의 양을, 남들 12년 할 것을 저는 3년만 하면 되니 맹렬히 할 거라고 용을 썼다.

그렇게 공부를 하겠다는 아이와 뭘 그리 애쓰느냐 말리는 엄마의 목소리가 쨍쨍한 시간도 자주 있었다. 엄마 마음에는 여태 학교에 다닌 것도 아닌데, 그만큼만 해도 대단하지 않은가 싶었다.

"그렇게까지 해야 해?"

"어머니, 아버지는 잘하셨잖아요."

'그리 잘한 것도 아닌데….'

아이는 학교에 이어 심지어 영어학원도 다니기 시작했다. 아니, 학원을 다닌다고 내게 통보했다. 학원이라니, 나도 사교육의 대열에 서다니! 이 땅의 부모들은 너나없이 내 아이는 상위 몇 퍼센트가 가능하리라 꿈꾸며 투자를 한다. 원금 회수도 안 되는 계산이지만, 불나비처럼 사교육의 대열에 뛰어들지만 그 자리는 이미 점거한 이들로도 넘쳐난다. 혹 상위에 들어간다 한들 어디 따 놓은 당상 같은 삶이 있던가. 그 불안을 걷을 방법이라면 열등감 없이 살고, 누가 뭐라든지 오직 제 길을 가는 것 아니겠는가. '너 자신의 길을 가라, 누가 뭐라든!' 일찍이 단테의 《신곡》 연옥편에서 베르길리우스가 지옥의 문 앞에서 외쳤고, 마르크스가 《자본론》 서문에도 옮겼던 그 말처럼, 우리는 그렇게 살아온 줄 알았다.

그런데 이 친구 순수과학, 특히 뇌과학을 공부하기 위해 대학을 가고 싶다고 말했다. 고등학교에 다니는 게 그 길을 가는 가장 효율적인 방법이라고 덧붙였다.

대학을 안 가도 과학자의 길은 있었다. 그러나 비제도권 과학자 빅터 샤우버거도 더는 아이의 흥미를 끌지 못했다. 시골 소년의 대처를 향한 환상처럼 산 너머 미지의 세계를 향한 산골 소년의 바람은 이미 시작되었으니, 못 가본 혹은 가지 않은 길에 대한 아스라한 동경은 그가 아니어도 인류에게 오래된 일이었다.

학교 그만 다닐까 봐요

학교에 간 한단은 한 해를 보낸 뒤, 학교에 계속 다녀야 할지 고민에 빠졌다. 아이가 가고 싶다고 할 때 막지 않았듯이, 가고 싶지 않다고 할 때 역시 그러라고 했다. 하지만 그는 새벽 6시, 마을에서 나가는 첫 버스를 타고 학교를 향했다.

아이는 자신을 설득하며 다시 한 해를 보냈으나, 고3을 앞에 두고 다시 고민하기 시작했다. '학교'라는 제도가 이렇게 비인간적이고 심지어 비합리적이냐, 사회성을 기른다면서 '관계'란 게 학교에서 얼마나 허망하고 허울뿐인 줄 아느냐, 교사도 결국 직업의 하나일 뿐이다, 한 번뿐인 생을 이런 식으로 공부하며 허비해야 할지 고뇌하며 한탄했다. 물론 고3이라는 압박감도 있었을 것이다. 그러나 그 모든 건 잘 포장한 이유였을 뿐 문제는 다른 곳에 있었으니….

아이가 학교에 다니지 않는다고 했을 때 사람들의 반응은 한결같았다. 공부는 어떻게 하느냐고 물었고, 사회성이 문제가 되지 않겠느냐고 우려했다. 그러면 나는 '당신의 사회성은 어떤가요?' 하고 되물었다. 나 역시 아이에 대해 한 번씩 하는 걱정이며 큰 관심사였고, 강의를 가거나 상담을 하거나 사람들을 만나는 자리에서 자주 던지는 물음이기도 했다.

재미나게도 사회성이 좋다고 대답하는 사람들은 극도로 드물었다. 한국인이 스스로를 낮추는 경향이 있는 걸 고려하더라도 낮은 수치였다. 그 대답들에 위안을 받기도 하며 나는 이렇게 다음 말을 잇고는 하였다.

"사회성이란 게 꼭 학교라는 집단 안에서만 길러지는 건가요? 엄마랑 둘이 잘 지내는 것도 관계맺기일 수 있고, 우리가 만나는 이웃들, 만나는 모든 이들과 사회관계망 안에 있는 거 아니겠어요? 그런 관계의 연습과 경험이 다 사회성이지요."

동물과도 잘 지낸다면 그 심성 역시 사회성으로 확대될 수 있다고 믿었다.

"이 친구가 사회성이 떨어진다면 그건 학교에 다니지 않아서라기보다 아이가 지닌 개인의 특질에 따른 게 아닌가 싶어요."

엄마가 보기에 아이는 잘하고 싶은 욕망이 크고 중심에 서고 싶은 열망이 지나친 듯했다.

한단에게 학교를 계속 다니느냐 마느냐 갈림길에 서게 한 건 바로 사람들과의 관계였다. 결국 사회성이 문제였다고도 할 수 있을 것이다. 학교에 가지 않았다고 없을 문제도 아니었다. 방 안에서만 살지 않는 다음에야 어디서나 누구나 겪는 어려움이기도 했다.

하지만 뭐랄까, 이 아이는 역설적이게도 너무 사회적이어서 문제가 되었다고나 할까. 사람들을 아주 좋아하고 그만큼 사람들 관계에서 받는 영향이 컸다. 만약 별로 사회적이지 않은 사람이라면 자기가 집중할 다른 어떤 것이 관계맺기보다 더 재밌을 수도 있지 않겠는가.

한단은 당시 자신이 겪는 어려움에 대해 문화의 차이, 생각의 차이, 더하여 또래 관계의 축적된 경험 없음으로 해석했고, 옆에서 보는 나는 그의 개별 특성이 더 문제라고 읽었다. 나중에 그와 그 친구들은 또 다른 결론을 내렸다, 우리가 서로 다른 학교에 다녔다고. 초등학교와 중학교를 거친 아이들이 다닌 학교와 홀로 지내다가 제도권 학교에 처음 간 아이가 다닌 학교는 같은 고등학교였지만 마주치는 현상에 대한 반응이 달랐을 거라는 이야기였다. 더구나 소읍의 고등학교란 어릴 때부터 만난 친구들이 고스란히 상급 학교로 연계되곤 한다. 한단은 들어갈 때부터 '갑툭튀(갑자기 툭 튀어나온 아이)'였다.

'이번에 검정고시로 들어온 애가 있대.' '학교를 한 번도 안 다녔대.' 이런 말이 무성할 때, 첫날 학교에 나타난 이 아이는 머리까지 긴 사내애가 입은 옷은 생활한복에, 유행하는 아이들의 문화는 알 턱이 없고, 아이들끼리 공유하는 가벼운 대화조차 어두웠으니…. 선생님들과 친구들에게서 들어 취합된 정보로는 '듣보못(듣도 보도 못한 아이)'이 나타나서 저 잘났다고 나서기도 잘했으니, 이건 또 이 땅의 학교에서 얼마나 치명적인 흠이 되었을까.

처음에는 학교를 보내지 않은 엄마에 대해 원망도 생기더란다. 경험이 있었으면 그리 힘들지 않았을 거라고, 또한 자기의 본성도 원인이었겠다고 했다. 앞에 나서는 게 덜하면 달랐을 수도 있었겠다고 말이다. 자기야말로 '사회적인' 사람이어서 사회성이 문제가 된다고 덧붙였다.

다시 가방을 쌌다

내적으로 사회성의 문제였든, 외적으로 교육제도의 문제였든 학교를 그만두겠다는 생각이 찾아왔고, 아이는 엄마한테 또 물어왔다, 고3을 눈앞에 두고!

"나 같으면 그만둘 텐데…."

기숙사에서 주말에 집으로 와 이른 새벽 힘들게 일어날라치면 더 자라고 권하거나 맨날 가는 학교 하루 빠지면 어떠냐고 툭하면 꼬드기던 엄마였으니 옳다구나 반길밖에! 삶이 다양하기를 바라는 한 사람으로서 이왕이면 아이에게 배움이 더 자유롭게 일어날 수 있기를 바랐다. 학교만이 어디 길일까.

양쪽이 45퍼센트와 55퍼센트만 되어도 선택하기 쉽지, 대개의 선택은 49퍼센트와 51퍼센트 정도의 싸움이다. 겨우 2퍼센트 내지 근소한 차이라면 어느 걸 택하든지 매일반인 것이다.

우리는 축적되는 게 있으면 나아질 거라는 믿음에 서로 동의했고, 관계에 문제를 불러오는 게 자신이라면 그것 또한 자신이 애쓰면 될 일이라고 결론을 내렸다. 그것은 사람들 속에 살아가는 한 거듭될 문제이므로 지금 학교에 계속 다니느냐 마느냐의 문제가 아닐 수 있다고도 했다. 아이는 그게 학교에 안 가겠다고 할 절대적인 이유는 아니라고 스스로 갈무리 지었다. 하지만 그 매듭도 내일 다르고 모레 달랐으니….

◉•◉•◉

조만간 학교를 그만둔다는 소식이 들리려나 했는데 웬걸, 아이는 마침내 수능 앞까지 이르렀다.

아이에게 말했다, 그리 우뚝한 삶이란 것도 별 게 없더라고!

더하여 물었다, 대학을 가려는 까닭이 잘난 위치를 선점해서 잘 먹고 잘 살고 저만 잘난 체하려는 건 아닌가 하고 말이다. 끝으로 덧붙였다.

"그래도 사유하므로, 끊임없이 흔들리므로 너는 건강하고, 잘 살고 있다!"

어디로 흘러갈지는 그의 일일 터, 내 일이 아니라!

아이들은
저마다의 힘이 있다

"어머님, 한단이 집에 안 왔죠?"

어느 날, 기숙사에서 전화가 왔다. 서울 가는 출장길, 고속도로 위였다.

"학교에 있겠지요."

"아무리 찾아봐도 학교에 없어서요."

이상했다. 학교를 빠져나가 뭘 사 먹으러 갈 수도 있지 않을까. 청소년기, 학교는 늘 우리를 허기지게 했으니까. 문구류 같은 걸 사러 가거나 제 볼일이 있을 수도 있는데, 선생님은 왜 애써 전화까지 했을까.

"무슨 일이 있었나요?"

아이에게 꽤 깊게 갈등하는 친구가 있는 줄은 알고 있었다. 몇 차례 여러 형태로 엉켜서 전화통을 붙들고 엄마한테 털어놓기도 했으니까. 그와 크게 다툰 모양이다. 그리고 사라졌단다.

"두 시간째 찾아다녀도 아이가 안 보이네요."

"한단에게 처음 있는 일인가요?"

"전에도 그런 적이 있기는 한데, 금세 돌아왔어요."

"그럼, 돌아오겠지요."

"그런데 요새 하도 험한 일이 많으니까…."

당신도 나도 이 시대 아이들에게 어떤 끔찍한 일들이 벌어지나 모르지 않지만, 차마 입에 올리지는 못한다. 선생님은 어머니가 학교로 와주셨으면 좋겠다고 했다. 나는 일단 전화를 끊었다.

'어떻게 해야 할까, 한단은 어디로 갔을까, 옷은 제대로 입고 있을까, 무슨 생각을 하고 있을까?'

◎•◎•◎

누군가에게는 학교가 대안이다

학교는 미쳤고, 학교 교육은 엉터리이고, 학교는 바보를 만든다고 곳곳에서 외치지만, 오늘도 우리 아이들은 가방을 메고 학교로 간다. 통계청에 따르면 2017년 학령인구(6~21세)는 846만 1,000명으로 전체 인구의 16.4퍼센트다. 어쩌다 그 학교를 벗어나는 아이들은 상위 1퍼센트여서 다른 세계에 살거나, 넉넉해서든 어떻게 비집고 들어가서든 유학을 떠나거나, 대안학교를 가거나 아니면 홈스쿨링을 하거나, 그것도 아니면 거리로 나가는 경우였다.

그 숫자를 다 빼고도 학교에는 아이들이 남았다, 그것도 아주 많이. 공교육이 좋은 교육을 제공해야 하는 절대적인 첫째 까닭이 바로 그것이 아닐지 싶다. 그렇지 않다면야 결국 사교육을 감당할 수 있는 부자들만 유리할 테고, 그들만 살아남고 말 테니까.

그런데 학교는, 즉 공교육은 좋은 질로 우리 아이들에게 응답하는가? 그렇지만은 않은 것 같다. 심지어 상황은 더 나빠졌다.

"요새는 집안 좋은 애들이 인물도 좋고, 인물 좋은 애들이 공부도 잘하고, 공부 잘하는 애들이 성격도 좋지, 게다가 착하기까지 하고…."

2017년 8월 KDI 이주호 교수에 따르면, 한국 사회에서 계층 간 교육수준의 격차가 확대되면서 그것의 대물림 또한 증가하고 있다. 교육이 양극화를 극대화한다는 말은 가정 배경이 열악할수록 학업 성취도가 낮고, 교육의 계층 사다리 역할이 약화하고 있다는 뜻이다. 경제적으로 잘 살면 아이의 성적도 높고, 그 정도가 다른 나라에 비해 심하며, 그 심한 정도와 속도가 지속적으로 올라가고 있다는 이야기다. 그러니까 한번 흙수저는 영원한 흙수저란 소리다.

그렇더라도 학교가 구원이 되는 아이들이 있다. 그들에게는 학교가 꿈을 꾸는 유일한 장소다. 그곳이 놀이터이고, 그곳에 가야만 친구를 만나고, 밥도 먹을 수 있다. 근래 때와 장소를 가리지 않는 범죄에 어디에도 안전지대가 없는 사회에서 방어력도 부족한 아이들에게, 특히 보호막마저 충분하지 않은 어려운 형편의 아이들에게 그래도 학교는 국가가 그 자격을 보장하는 어른들이 포진하고 있는 곳이다. 낙오자가 없는 핀란드의 학교라든가, 소수가 얼마나 존중받느냐에 따라 민주주의 수준을 결정한다고 믿는 덴마크라든가가 바라볼 때 우주 먼 어디께 같은 대한민국에서 서열화하고 차별화한 뒤 걸러진 아이들일지라도, 서열이 잉태할 수밖에 없는 좌절과 낙오를 경험하더라도, 학교에 가야만 하는 아이들이 있는 것이다.

교육계의 생각은 사람이 변하면 세상도 변한다, 그러니 교육을 잘하면 된다고 한다. 반면 사회의 생각은 시스템을 바꿔야 한다, 그래야 사람이 변한다고 한다, 물론 시스템도 사람이 만드는 것이지만. 어느 쪽이 중요하건 우리가 그런 논란을 벌이고 있을 때도 아이들이 태어나고 자라고 학교에 간다.

초·중·고 12년도 모자라 대학 진학이 90퍼센트에 육박하던 때도 있었다. 전 세계 어디에서도 볼 수 없는 이 나라의 높은 대학 진학률을 꺾으려면, 대학 아닌 길을 선택해도 인간다운 삶이 가능할 거라는 기대가 또한 가능해야 한다. 필요하다면 진학률이 높을 수도 있다. 하지만 대학 졸업자가 필요한 일자리는 전체 일자리의 3분의 1도 채 되지 않는다. 그리하여 대안이 없어서도 대학을 간다. 머지않은 미래에 변화가 올 거라는 짐작이 어렵지는 않다 하더라도 아직은 그러하다. 명문대를 나와도 별 볼 일 없다는 사례들이 급격하게 증가하고 있는 이 순간에도 말이다.

딱히 사회 탓만 하고 있을 것도 아니다. 교사들이 더러 하는 아래와 같은 농담은 이미 널리 알려진 우화다. 말 안 듣는 아이들이 있을 때 교사가 쓰는 필살기, 그 한마디로 교사는 교실을 장악할 수 있다고 한다.

"너희 엄마한테 이른다!"

수업은 교사가 하고 있는데, 그 교실에서 영향력은 엄마가 더 크다. 그러고 보면 어쩔 수 없는 사회는 차치하고, 교육 공급자에서 가장 큰 변수는 사실 부모가 아닌가 싶다. 아이의 선택으로 어떤 학교에 가더라도 그 학교를 보내는 건 결국 부모이니까. 그래서 어떤 부모들은 비제도권 학교 과정을 고르기도 한다.

그런데 이 나라에서 제도권 학교와 대안학교와 가정학교가 얼마나 다를까. 나는 그것들이 사실 별반 다르지 않다고 생각한다. 사회로부터, 학교로부터 자유로운 개인이 얼마나 있느냔 말이다. 특히 평범한 우리네야 더욱 그러할 것이다. 결국 부모가 어떤 생각을 하느냐가 관건이 아닐까.

나는 탈학교를 꿈꾸며 살아왔고, 그리고 제도권 학교와 다른 길을 걷는 학교를 만든 경험을 가지고 있다. 부모들이 주축으로 만들었던 대안학교와도 좀 달랐다는 의미에서 대안학교라고 말하지는 않겠다. 처음에는 제도권 학교에 반하는 학교를 꿈꾸고 실험한 시간을 건너, 이제는 절대다수의 아이들이 있는 제도권 학교를 지원하고 보완하는 역할에 더 의미를 두고 또 다른 배움터를 꾸려가고 있다.

옛적에는 공교육에 답이 없어 보였다면, 지금은 대안교육에서만 담당하는 것으로 보였던 역할이 공교육에도 스며들었고(예를 들어 혁신학교) 심지어는 공교육 안에도 공립대안학교가 등장하기 시작했다. 그런 변화도 내 변화에 영향을 주었을 것이다.

대안학교를 보내는 게 마치 진보의 전유물인양 하는 인상이 적잖이 불편했던 것도 내게 변화를 모색하게 했다. 그리고 고여 있는 듯했던 대안교육의 장이 무엇보다 불편했다(이건 내가 고여 있었을 수도 있다는 말이다). 나는 변함없이 교육에 관심이 있었지만, 대안학교인가 아닌가 하는 틀이 아니라 그 모든 것을 관통해 흐르는 교육을 어떻게 구현할까 하는 내용으로 더욱 고민하게 되었다. 그것이 내게 제도권 학교도 거듭 훑어보게 하고, 그 의미도 곱씹게 했던 것이다.

학교 다녀오겠습니다!

우리 집 아이도, 기어이 제도권 학교에 갔다. 공부를 하려고 가겠다고 했다. 대학을 갈 이유가 생겼고, 대학을 가려면 그게 가장 효율적이라는 아이의 셈법이 있었다.

하지만 아이들이 학교만 가면 생기를 잃는 것을 안타까워하던 나는 여태 안 가고도 잘 살다가 왜 굳이 학교에 가겠다고 하는 건지 아이를 끔벅끔벅 쳐다보았을 뿐. 사실은 안 가면 더 좋겠다는 생각도 있었다. 그러니 내가 보낸 게 아니라 그가 간 것.

눈으로 길이 막혔습니다. 산골마을의 겨울이면 흔한 일이지만, 눈이 시작되는 때 이렇게 짙으면 길이 쉽지 않습니다. 이번 주에는 기숙사에서 나와 집에서 읍내 학교에 다니는 한단은 새벽 눈 내리는 마을을 뛰어나갔습니다. 아이가 밥은 기숙사에서 먹겠다고 상차리기를 말려 따뜻한 차만 쥐여 보냈지요.
결국 눈에 발이 묶여 오늘밤은 학교 기숙사에서 자기로 했다는 연락!(아이는 고등학교 1학년, 그 나이에 이르러 제도권 학교에 가길 잘했다고 합니다. 뭔가 생각할 수 있는 나이에 갈 수 있어서, 그래서 자유의지로 많은 걸 결정할 수 있다며. 행복한 청소년기인 듯 보여 마음이 놓이더이다.)

12. 3. 물날. 대설주의보 / 날적이 가운데서

아이가 학교에 다니는 동안 나는 네 차례 학교에 갔다. 첫 번째는 입학식이었다. 기념이었다지만 처음 제도권 학교를 들어간 거니 한꺼번에 만난 그 많은 사람들 속에서 아이가 어리둥절하고 무섭지 않을까 하는 우려도 있었는데, 사실 내가 더 어리벙벙했다. 마지막으로는 졸업식에 갔다. 고마운 학교였기에, 학교가 아니었으면 그만큼 공부를 해내지 못했을 것이기에, 그리고 그간 아이를 잘 돌봐주어서도. 그 사이에는 진로문제로 담임선생님이 불러서 상담 차 갔고, 또 한 번은 1학년 초반 학부모 모임이었다. 학교에서 무슨 안내가 있는 줄 알고 갔지만, 생각과 달라서 사는 데 코가 석 자인 나는 같은 까닭으로는 다시 갈 일이 없었다. 아, 고입 시험을 보기 전에도 한 번 찾아갔다. 제도권 학교 학부모의 경험이 전무하여 내가 무엇을 어찌해야 되느냐 물어보러 갔다. 학교는 서툰 학부모에게 사분사분했다.

기숙사는 학교 울타리 안에 있었다. 산골 집에서 읍내의 학교까지는 대중교통으로 한 시간, 자동차로 가로질러 가면 30분이면 간다.

기숙사는 정말 신기한 곳이었다. 아이가 학교에 가면서 엄마가 가장 걱정했던 건 '저게 사람 구실은 하려나, 아침에 제때 일어나 수업을 듣기는 하려나'였다. 아침잠이 많은데다 꼭 시간에 맞춰 일어나지 않아도 되니 허구한 날 해가 중천이기 일쑤인 아이였다. 그런데 기숙사에서의 아침은 달랐다. 대학을 가기로 했고, 그러기 위해서 점수를 관리해야 했고, 그러려면 벌점이 있는 지각은 안 되니까 일어나는 거, 그거 간단했다.

"그 좋은 학교를 왜 진작 안 보냈나 몰라!"

학교를 다니지 않는 아이가 늘 같이 있다고 해서 그리 살뜰히 살피며 산 것도 아니면서, 막상 학교 보내놓으니 그 자유로움이라니! 고맙기도 하지, 학교가 애를 가르쳐주고 먹여주고 재워도 주고.

더 불안한 건 우리 어른들

아이가 열일곱 살이 되어 제도권 학교에 처음 간 시절, 내 날적이에는 아이에 대한 우려가 여러 차례 발견된다. 어쩌면 내가 더 두려웠다. 가장 쉬운 선택이었던 '떠남'으로 내가 선 그은 곳을 아이가 넘어갔으니 말이다.

> 영아기에 천재일지도 모를 것만 같았던 우리 아이들, 하지만 우리의 아이들은 대개 평범합니다. 별로 대단하지도 않고, 흔히 우리가 원하는 성공을 하기도 어려울 것입니다. 대부분은 좋은 대학도 못 가고, 혹 운이 좋아 좋은 대학을 가도 그저 그런 월급쟁이로 생을 마감할 것이고, 그러다 그저 뒤처지지만 않으면 된다고 수위를 낮추어도 그것마저 쉽지 않을 때가 있지요.
> "그러니 그저 좋은 사람으로 키워보는 건 어때요?"
> 한 소설가의 제안이었습니다. 가족 말고 다른 누군가를 위해 헌신하고 희생하는 사람으로 키워보는 건?

"삶의 가장 중요한 가치는 오로지 절대적인 것에서 나온다. 상대적인 게 아니다. 불행이 거기서 나오지 않느냔 말이다. 성공도 그렇지 않은가?"

이 자본의 시대는 우리의 상대성으로 굴러가지요. 저 집, 저 물건, 저것 들을 갖지 않으면 뒤처지는 것 같은, 그게 없으면 심지어 비정상적인 것만 같은 그런 우리를 밀고 가며 세상이 굴러갑니다.

"우리의 약한 불안과 두려움과 공포로 시장이 만들어지고, 성공도 그런 것으로 이뤄지는 거지."

성공이란 정녕 무엇인지, 우리가 우리의 성공 개념을 잘 따지지 못한다면 우리 새끼들도 불행을 안고 갈 것입니다. 내 새끼가 불행하지 않기를 바란다면 다른 잣대를 가져야만 합니다. 이만하면 되었다, 그래 이만만 하면 되었다, 괜찮은 사람이면 된다, 우리 아이들에게 그리 기대해봅시다.

1. 24. 쇠날. 맑음 / 날적이 가운데서

"누군가는 60등을 한다. 네가 그 60등일 수도 있다. 그렇다고 해서 네가 살 이유가 없거나 존재할 가치가 없는 건 아니다."

우리 교실에서 누군가는 분명 꼴찌를 한다. 그게 나라고 해서 내 삶이 가치가 없는 건 아니다. 성적순은 있을지라도 존재순은 없지 않겠는가.

아이들은 저들의 방식으로 질서를 만든다

한단이 고등학교 2학년 때, 학급 아이들이 소풍을 자유학교 물꼬로 왔다. 나는 국수를 삶아냈다.

"(한단을 가리키며) 아이는 저 잘나서 학교생활을 무사히 하는 줄 알지만, 그대들이 저 친구를 받아들여 준 거라고 생각합니다. 고맙습니다!"

"공부를 하려고 들면 어떻게든 할 수 있는 게 학교예요!"

졸업을 하며 한단이 한 이 말이 꼭 공부에 한정된 건 아니었겠지만, 그래도 학교는 여전히 숙제가 많다. 무엇보다 배움에서 제도권 학교만이 전부라는 오만에서 벗어나기. 그래서 다른 교육도 있음을 인정하기. 더하여 벽을 깨기. 갇힌 벽이야말로 무슨 일이 일어나는지 모르게 하여 오히려 역설적으로 폭력을 양성해내기도 하니까, 군대처럼.

한단의 입학 첫날을 생생하게 기억한다. 밤 10시까지 야간자율학습을 하는 학교를 보며 입이 떡 벌어졌다. 그렇게까지 해야 하는가 무서웠다. 그렇다면 예전에 우리는 달랐을까? 이처럼 심하진 않았어도, 우리 또한 적지 않은 시간과 힘과 영혼을 학교에 저당 잡히며 청소년기를 보냈다. 하지만 그 속에서 우리는 우리만의 방식으로 질서를 만들고 극복의 가능성을 찾지 않았던가. 사실 우리가 학교생활에 부모의 영향을 얼마나 받았겠는가. 우리를 둘러싸던 그 환경이 그저 있었고, 우리들의 고민 역시 또 그곳에 있었다.

◎•◎•◎

아이는 학교에 다니면 되고, 나는 그냥 내 삶을 살면 되었다. 그러면
될 줄 알았다. 그런데 아이가 사라졌단다!
콩닥거리는 가슴을 잠재울 수 없어 차를 갓길에 세웠다.
남편도 해외 학회에 가 있었다. 학교까지 밟으면 한 시간,
하지만 망설였다.
그러다 뛰던 가슴이 한순간에 탁 풀어졌다. 일종의 체념이랄까,
목숨이 스스로 생명을 접으려 든다면 나는 그걸 막을 길을 알지
못했고, 자신을 살리는 것도 죽이는 것도 자기 일일 수밖에 없는
지점에 대해 생각했다. 아찔했다. 나는 차를 돌리지 않았다.
"선생님, 일단 고맙습니다. 걱정해주시고, 전화주시고, 찾아봐
주시고. 그런데요, 선생님…."
아이는 돌아올 거라고, 무슨 일이 있으면 그래도 엄마한테는 전화를
할 거라고 말씀드렸다.
그 모짐의 뒤로는 어쩔 수 없음과 어째야 할지 모름이 공존했다.

그러한 때 도대체 아이를 믿는 거 말고 기댈 수 있는 게 무엇일까.
동시에 나는 햇살 좋은 오후 비스듬히 창을 통과해 들어오는 빛처럼
그의 친구들과 선생님들을 생각했다,
한단의 곁에 있는 사람들. 아이가 학교에 다닌 덕이었다.
적어도 마지막 순간 나한테 연락은 하리라. 우리는 오랜 시간을
함께했다. 지금껏 오달지게 같이한 세월이 믿음이라면 믿음이었던
거다. 이건 학교에 안 다닌 덕이다.

아이는 '살아서' 무사히 돌아왔다. 걷고 또 걸었다고 했다.
그렇다. 아이들은 그곳이 학교든 바깥이든 그들 스스로의 방식으로
질서를 만들고, 그 속에서 극복의 가능성을 찾는다. 아이들은 저마다
힘이 세다!

어른들이 할 일은 아이의 편이 되는 것뿐

"시험이 잘못됐던 갑다!"
시험을 망쳤다고 툴툴대자, '무식한 울 어머니' 내게 던진 말씀이셨다. 내가 대단히 뛰어난 아이도 아니었건만, 그것은 어머니의 '절대적 지지'였다. 속이 상한들 시험을 망친 당사자만큼이야 할까. 어머니는 앞뒤 없는 편들기로 나를 위로해주셨던 거다.

"우리 애 고3이잖아!"
대한민국에서 고3이라는 말은 앞뒤 맥락 동원하지 않고도 말이 된다. 고3이 없는 가정에서조차 그렇다. 적어도 한국 사회에서 그 나이는 인생의 대단한 변곡점이다. 엄밀하게 말한다면 그 결과가.

이러한 현실에서 '입시'의 '입'도 알지 못하는 부모, 나도 고3 학부모가 되었는데….

◎•◎•◎

너는 걸었다

봄이 영영 오지 않을 것 같은 산마을에도 해마다 봄이 왔다. 긴 겨울을 보낸 마당가 자그만 연못에는 살던 것들이 더러 죽고 겨우내 날려 온 낙엽만 차 있었다. 그것을 걷어내고, 비닐을 깔고, 물을 채우고, 모래와 흙을 깔고 연못 둘레의 돌멩이도 정리했다. 연못은 그렇게 또 태어났다. 날마다 태어나는 것이 얼마나 많은가. 그래서 우리 삶은 낡지 않는다.

아이와의 상담.
"나는 되는 게 아무것도 없어요."
되는 게 없다니! 된 것을 생각해라! 범사에 감사한 게 별것이겠느냐. 기분 좋게 화장실만 다녀와도 좋지. 모르던 문제를 하나 풀게 되어도 기쁘지. 단어 하나를 알아도 뿌듯하지. 예쁜 꽃 하나 찾는 눈 있어 고맙지. 누워있던 아이가 뒤집고, 기던 아이가 일어서고 그 놀라운 시간이 네 삶이었다.
"무엇보다 말을 잘 알아듣는, 말이 되는 네가 아니냐."

같이 '되는 것' 찾기를 했다. 젓가락질도 하게 됐지, 책도 읽을 수 있게 됐지….

생기지수가 올라가는 아이! 아이의 생기로 내 생기지수도 올라가고, 동시에 내 삶에서 된 것도 찾아보았나니. 남은 일에 까마득해 하지 말고 한 것들을 둘러보기. 이곳에서 풀매기가 그렇지 않던가.

그대 삶에서도 된 것이 얼마나 많겠는지. 그래, 그래, 우리 욕봤다!

5. 10. 해날. 맑음 / 날적이 가운데서

나는 멀리서 아이들을 응원했다. 누군가 안아준다면 무서웠던 세상에서 해볼 만한 싸움이 되기도 하지 않은가. 물꼬가 산마을에서 하는 순기능 하나는 그런 것이다.

우리는 끊임없이 흔들린다. 어른이라고 다르지 않다. 삶은 그렇게 흔들리며 자리를 잡는 줄이더라. 삶의 균형을 잡는 일도, 평안에 이르는 길도 모두 그런 것일 터. 바람 없는 지상이 어디 있고, 흔들리지 않는 생이 어디 있더냐. 그런 줄 알면 대범할 수 있고, 그런 줄 알면 덜 힘들 듯하다. 흔들리더라도 어떻게든 멈추게 된다. 그때 잠시 숨을 돌리지, 다시 흔들리고 말더라도!

바람이 스치고
지나가게 하는 법을 익힌다면

'… 사람살이 별일이 다 있고 별사람이 다 있더라. 하여 늘 사람살이 무슨 일인들 없으랴'라고 말한다.

한편으로는 '그러니까 사람이지'라고 사람들의 모든 행위에 대해 그럴 까닭이 있겠거니, 끊임없이 모자란 게 사람이려니 한다. 나도 그렇고. 상처가 그냥 바람처럼 우리를 지나가기를, 상처가 우리를 해치지 않게 하기를 기도하자. 사는 일이 별수가 없더라, 사람 관계 어찌 참 안 되더구나.

11. 18. 달날. 잠시 휘날린 눈보라 / 날적이 가운데서

한 아이를 위로할 그즈음, 나는 조셉 마셜 3세의 책을 읽고 있었다. 저자는 모욕적인 말들이 상처를 안겨줄 수도 있지만, 우리가 그렇게 되도록 허용할 때만 그렇다고 했다. 만일 바람이 우리를 그냥 스치고 지나가게 하는 법을 익히기만 한다면, 우리를 넘어뜨릴 수도 있는 그 말들의 힘을 없애버릴 수 있다는 것이다.

그때그때 내가 읽는 것, 내가 하는 생각, 내가 사는 산골 삶에서 건진 말들이 아이들에게로 흘러갔다. 적극적으로 어떤 걸 할 수도 있지만, 다른 방법을 쓸 수도 있다. 내내 적극적인 건 또 얼마나 힘에 부치겠는가. 그냥 지나가도록 내버려두는 것도 지혜일 테다. 뭘 하

지 말고, 안 해서 지나갈 수도 있음을 생각한 날이었다. 결코 익숙해지지 않는 이별처럼 상처도 대개 그런 잔해로 우리를 덮치고는 한다. 상처의 속성이 그렇다는 것만 알아도 반은 건넌 셈이다. 아이들과 그 처한 상황을 '바라보는 것'만도 위로가 되어 우리는 무사히 강을 건너고는 하였다.

아이들이고 어른들이고 상처 입은 마음을 안고 자유학교 물꼬를 찾는데, 그들을 어루만질 수 있는 건 내가 한 번도 상처받지 않았거나 강하기 때문이 아니다. 꺼내놓은 마음을 들여다보면 내 마음도 거기 있고, 그에게 가는 말은 내게 전하는 것이기도 했다. 그래서 그가 받는 위로가 내가 받는 위로가 된다.

"저는 상처를 너무 쉽게 받아요. 민감해서 그렇다는데, 그런 말을 들으면 더 속이 상해요!"

같은 일도 상처받는 이가 있는가 하면 아무렇지도 않은 이가 있다. 사람마다 핵심감정, 아킬레스건이 모두 다를 것이라. 감정이란 개인의 성향에 따라, 상황에 따라 다를 수밖에 없다. 나에게 별것 아니라고 해서 다른 이가 상처받지 않는 게 아니다.

우리가 언제, 어떨 때 상처를 받는지 살펴보면 내게 귀기울여주었으면 싶고, 내게 관심을 가져주고 이해해주면 좋겠는 바로 그 상대가 내 마음을 헤아려주지 않을 때 우리는 더 깊이 상처받는다. 좀 더

들어가 보면 그건 상처가 아니라, 서운함이다. 그런데 서운함의 화살을 다시 내게 쏘는 게 문제다. 이제 말했던 상대도 없어지고, 화살을 맞은 나도 사라지고, 상처에서 흘러내리는 피만 보인다. 가슴은 고통으로 차고 손은 흘러내리는 피를 닦느라 정신이 없다.

'아, 내가 서운했구나. 나는 그런 예민한 사람이구나! 하지만 그렇기에 또 타인을 잘 이해할 수도 있는 사람이지 않을까?'

내 감정을, 그런 나를 스스로 이해하고 존중하면 서운함은 다만 서운함이 될 뿐이다. 자신을 쓰다듬으며 일어나는 그를 보고 나도 함께 일어나곤 했다.

그때는 그게 최선이었다

돌아보면 낯 붉어지는 일이 허다하다. 그땐 좀 더 어른스럽게 행동했어야지, 그때 더 단호했어야지, '그때 더' 그럴 일이 어디 한둘일까.

"제가 좀 더 잘했어야 하는데…."

젊은 동료들이 그렇게 말하곤 했다.

"제가 그때 애한테 그러는 게 아니었는데…."

엄마들도 그런 말을 자주 했다. 우리 삶에 '그때 그러는 게 아니었다'라고 말하는 순간은 백사장 모래만큼 흔했다.

그때는 그럴 수밖에 없었다. 내 그릇이 그것밖에 안 되었고, 그건 또한 내 한계였던 거다. 내가 할 수 있는 건 그만큼이었던 것. 우리 아이들도 그렇지 않을까. 돌아보면 그때는 그게 최선이었다. 거기서부터 우리는 다시 시작할 수 있다. '좀 더 나아질 수 있을 것 같아!' 하는 마음이라도 없으면 내일을 어이 사누. 그런 걸 '희망'이라 부를 것이다.

한 주 동안 비운 학교에는 아이들의 하소연이 쌓여있다. 답장을 쓴다.

1. 괜찮아, 그런 날도 있지. 누구나 그래. 우리 모두의 삶이 다 그렇단다. 너만 느끼는 지옥이 아니라, 모두가 건너가는 날들이 그렇단다. 그러고 나면 다른 날이 또 오는 거지.

2. 삶이 살 만하다 싶을 만큼 재밌는 걸 하거나, 살 만한 가치가 있다고 느껴질 만큼 의미 있는 일을 찾거나, 작은 것이라도 성취감이 느껴지는 일을 통해, 가령 책 한 권을 읽거나 글 한 편을 쓰거나, 욕실을 청소하거나 베란다를 정리하거나 책상을 치우거나, 뿌듯함 혹은 자신감을 회복하기. 아니면 만사 제쳐놓고 한숨 푹 자고 시작하거나, 꿈꾸기를 하거나. 나는 'into the wild'를 꿈꾸면 신이 나!

팽개치고 여행을 떠나보는 건 어떨까? 그러다 보면 다시 또 시작할 수 있지 않나. 어쨌든 남들 생각, 남들 사는 것을 백날 허우적대며 맞추려 하거나 쫓아가다 보면 도대체 내 삶은 어디 있냔 말이다. 삐딱 빼딱 난리치지 말고 그저 걸어가 보자. 중요한 건 네 생각 네 사유를 따라가기. 그저 묵묵히 네 일을 좀 해 보길, 누가 뭐라 하든! 남들이 하는 말 그딴 거 말고, 네가 너를 기특해하고 좋아하고 괜찮아하는 그 길로 오직 걷기. 묵묵히 한번 걸어보자.

3. 누가 뭐래도 자기가 자기를 버리면 사람은 더 살 수가 없을 것이다. 일이 하기 싫다거나 힘들다는 건 일이 그렇다는 거지, 우리 삶 전부가 그렇다는 건 아닐 것. 그냥 지금 하기 싫고 어려운 거지, 삶이 다 그런 건 분명 아니지. 그리고 그런 부분도 있어야 아름다운 날들이 더 빛나는 게 아닐는지! 좋아하는 사람만 해도 어디 모든 게 다 좋더냐. 그의 단점도 안아주며 사람을 사랑하지 않더뇨. 삶이 어찌 다 매끄러울까. 그래도 살 만하고 아름답지, 인생은! 어떤 생명도 쓸모없지 않다.
너도 네 가치를 가지고 태어나 살고 있는 것. 그러니 살아보자, 이왕이면 힘껏! 뭐든 해 보자, 한껏! 누가 우리 삶을 무어라 하겠느냐. 아희야, 어른들이 살면서 적어도 그건 하지 말라고 했던 한두 가지를 빼고는 네 마음껏 살아보자.

자, 응원가를 불러볼 것!(나는 가끔 혼자 정말 여러 축구단의 응원가를 불러본단다.)

4. (한단의 고뇌에도 여러 차례 문자를 보냈다.)

나는 네가 학교를 가지 않고 집에서 혹은 세상에서 한 공부가 결국 네가 무엇을 진정으로 원하는지를 찾는 과정이었다고 믿는다. 이 시대 숱한 이들처럼 그저 남들 쫓아가느라 가랑이 찢어지지 않고, 즐겁게 삶을 이어갈 수 있는! 나는 지금 네 시간들이 흔들리는 과정이라 생각해. 나이 먹어도 흔들리는데, 아무렴 네 나이에는 더하지. 다만 건강하고 올바른 '방향'을 잃지 않았음 한다. 일상 흐름을 잘 잡아야 생기가 돌고, 나아가 마음의 힘도 생긴다. 괜찮다, 괜찮다, 다 괜찮다!

아희야, 나날이 좋은 기분을 유지하려 애쓰길 바란다. 마음 좋은 게 제일이다. 네게 평화가 없다면 네가 하는 모든 것이 무슨 의미가 있겠느뇨. 네 삶을 남들처럼 아니라, 네 것으로 창조적으로 그리길!

그래도, 그래도 아희야! 네 뒤에는 오직 네 편인 부모가, 그리고 물꼬가 있지 않느뇨. 힘내렴, 사랑한다!

11. 15. 쇠날. 밤비 몇 방울 / 날적이 가운데서

네 뒤에 엄마 아빠 있다

고3이라고 밥 안 먹고, 안 씻는가. 고3이라고 삶이 계속되지 않는가. 한단이 고3을 내세우기라도 할 때면 나는 좀 야박했다. 사춘기처럼 고3 수험생활 역시 우리 삶의 연속선상에 있는 시간일 뿐, 살아왔던 대로 우리는 살아갔다.

내 일상을 내가 비하하지 않는 것도 자존감이다. 일상은 벗어나는 게 아니라 세상 끝 날까지 우리가 살아가는 과정이고, 그 일상에 애정을 갖고 잘 살아내는 게 자존감도 세우는 일이다.

"생활을 단단하게 하고, 그 일상을 짧게라도 기록해보렴. 내가 애정을 갖지 않는다면 그 누가 일상을 사랑할 수 있겠는지. 내가 구원하지 못하는 내 삶은 그 누구도 구원해주지 못해, 신마저도 말이다."

고3이 결코 쉬운 시간은 아니지만, 실제의 어려움보다 심리적인 부담으로 확대 팽창되는 게 아닌가 싶다. 그러므로 고3에게는 무엇보다 심리적 지원이 최고의 지원일 수 있겠다는 생각이 내 아이가 그 시간을 지나고 나니 더욱 더 든다.

아래는 그 시절 한단에게 보냈던, 조금은 사적이고 자극적이기도 한 글월 조각들이다.

세상사람 다 소용없다. 내가 있어야 세상도 있지. 내가 행복해야 한다. 그래야 다른 이를 안아줄 여유가 있는 거다. 자꾸 남 얘기를 곱씹고 곱씹지 말고 내 마음 잘 건사하기. 누가 뭐라든 나 자신의 길을 갈, 바로 그거 찾아보기! (2016. 2. 22.)

의연하게! 결국 정신력이 강한 사람이 이긴다. 뜨겁게, 당당하게 공부할 것! (…) 비판에 강한 사람이 되자. 하워드 가드너, 다중지능이론 박사가 하버드에 온 한국 학생들에 대해 했던 말 기억하니? 한국 학생들은 부정적인 피드백을 받으면 위축돼 아예 학습 의욕을 잃는 경우가 많더라지. 강한 사람은 비판을 통해 무너지지 않고 오히려 자신을 단련한다! 잘할 거고, 잘될 거다. 네 뒤엔 엄마 아빠 있다! (2016. 3. 15.)

잘하고 있음. 계속 잘할 거고, 잘될 거고! 내가 잘났기 때문에 사는 게 아님! 그렇다면 못난 사람들은 살 가치가 없지 않겠느뇨. 씩씩하게 잘 지내거나, 이만큼 하는 자신을 기특하게 여기기! 마음이 좋은 게 제일이다. 지옥도 자신이 만드는 것. 신영복 선생이 《담론》에서였던가, 그 억울하고 암울한 감옥에서 목숨 끊지 않을 수 있었던 것 하나가 햇살이었다지. 그런 힘으로 살아가는 것이다.
쓸데없이 남한테 잘난 체 않기! 아니면 잘난 체하고 반응에 대해 쌈박하게 무시해버리거나. (2016. 4. 4.)

장하다! 무엇보다 애 많이 썼다. 수능에도 그렇게 약간 힘을 뺀 연습 상태를 유지할 것! 누가 그러더라, "돌아보니 내 인생에서 간절히 원했던 건 늘 안 되었고, 무심코 한 일이 정작 소망한 것들에 가까웠다"고. 아마도 그건 경직성을 풀 때 비로소 일이 되더라는 말! 자, 또 좀 쉬고 다음 걸음을! (2016. 7. 6.)

일단 푹 쉬고 잘 자고. 내일은 내일의 태양이! 사랑해, 아들! 장하고 기특한 아들, 나는 네 안에 있는 힘을 믿는다. 저력, 속에 간직하고 있는 든든한 힘을 말한다. '뒷심'이라고도 말할 수 있을 그 힘, 네겐 저력이 있다! 아래로 꺼지는 것도 경계해야 하지만, 위로 마냥 오르는 기분도 경계해야. 위파사나에서는 좋은 것도 나쁜 것도 일어났다 사라지는 점에선 똑같은 것이라 말한다. 그저 묵직하게 걸을 것! 푹 자고, 금세 자리 털고 일어나고~. (2016. 9. 6.)

마라톤을 하다 보면 마지막 순간의 뒷심이 승자를 가른다. 담임선생님이 네가 '본받을 정도로 무섭게 한다'고 하더라. 수능 끝내고 쓰러질 정도로 뛰어보자. 결과가 좋다면 더할 나위 없겠지만, 뜨겁게 공부한 것으로도 충분히 스스로 자랑스러울 수 있도록. "영차!" (2016. 9. 25.)

한단, 이제 정말 얼마 안 남았네. 사람 삶이란 게 입방체로 무수히 얽힌 존재들이므로 짧은 순간에도 얼마든지 무슨 일이든 일어날 수 있다. 굳건하게 네 앞에 놓인 것이 무엇인지 뚜렷하게 보고 강건하게 나아가기! (2016. 11. 2.)

그리고 아이는 대학에 합격했다.

잘하겠지만, 그래도 사람의 마음이란 어느새 또 풀풀 저 혼자 날아가 버린다. 먼저, 우리 아들 대단하다. 운도 좋고! 좋은 일 있으면 남들이 좀 알아주면 좋겠고 그렇지만 잘난 사람은 온몸에서 그 빛이 나는 법. 아주 작은 일에도 우리는 얼마나 우쭐해지더냐. 하물며 그 짧은 시간에 이룬 쾌거, 쾌거라니! 하지만 생은 길기도 하여서 마지막에 진정 웃기로! 묵직하게 걷기. 목소리 낮추기(발표를 기다리는, 또 결과가 못 미친 친구들이 있음!).
(…) 속이 차곡차곡 쌓이는 사람이기로 하자. 그 힘이 인류를 향하기를, 힘없는 이들과 나누기를! 좋은 세상을 원하면 내가 좋은 사람이 되어야 한다. 나는 여전히 최고의 사람이 선한 사람이라 생각한다.

자랑스럽다. 네가 잘해서이기도 하지만 열심히 해서 더욱.

사랑한다, 우리 아들! "아빠의 괴물, 엄마의 곰돌이, 우리 집 보름달~." (2016. 12. 29)

가족이란 피로 이루어졌다기보다 더 깊은 역사를 함께했음을 전제로 하는 관계가 아니겠는지. 고생한 세월도 알아서 그것을 헤아려 위로해줄 수 있는 관계 말이다.

한단이 열두 살 때, 내 날적이에는 당시 자유학교 물꼬에 머물던 교사와 한단이 나눈 이야기가 담겨있다. 한국 사회에서 성공하려면 두 가지가 있어야 한다며, 아이는 '학벌과 빽!'이라고 말했다고 한다. 아이에게 그 말을 들은 그이가 네게도 있느냐고 물었다지.

"그럼요, 있죠!"

"누구?"

"우리 엄마요!"

신이 이 세상 모든 곳에 거할 수 없어 엄마를 창조했다던가.

고3 부모를 위한 가장 큰 비밀

누구나 하는 일도 제게 이르면 별스러운 일이 되는 게 사람 마음이라. 아이가 고3을 지나는 동안 그가 힘들 때 귀를 댔고, 좌절할 때 응원했고, 집에 올 때면 따스운 밥상을 차렸다.

그리고 어느 부모라고 아니 했을까만, 기도했다. 아침마다 대배(온몸 엎드리는 티베트 큰절)로 백배를 했다.

수행이 먼 삶은 아니었지만, 이른 새벽부터 한밤까지 화장실 갈 짬도 없던 날도 파김치가 되어 방으로 들어서면 자정을 넘기지 않고 요가 매트를 깔았다, 고3으로 진입한 12월 1일부터 아이가 합격 소식을 받을 때까지. 그건 결국 자신의 삶을 가지런히 하는 일이었고, 내 다음 걸음을 바르게 걷게 하는 힘이기도 했다.

수능을 끝내고 나온 아이가 내게 제일 처음 한 말은 '어머니의 기도가 고맙다'는 것이었다. 정성은 어떻게든 닿는 것을 아이도 산골 삶에서 배워왔으니까. 그건 온 삶의 에너지를 타자에게 보내는 일이었고, 그 엎드림에는 아이의 아픔에든 기쁨에든 동참한다는 의미도 담겼으니까 말이다.

◉•◉•◉

그 엄마에게 고3이 된 한단이 딱 한 가지 부탁한 게 있다. 한국에만
계셨으면 좋겠다고 했다. 언제든 절박한 때에 달려올 수 있는
거리에 엄마가 있었으면 좋겠다는 말이었다.
그 정도도 못할까. 당장 주말마다 산으로 들어가는 모임을
포기했다. 그건 또 할 기회가 오겠지만, 아이의 고3은 그때뿐이므로.

그 모든 것에 앞서 고3 엄마로 으뜸으로 꼽은 일은, 애한테 걱정 주지 않게 내가 씩씩하게 사는 거였다. 어디 고3에게만 그러할까.
"별일 없으시죠? 어머니 잘 지내시는 게 절 돕는 거예요."
각자 잘 지내는 게 서로를 돕는!

2장 — 독립적인 삶

부모와 아이, 따로 또 같이 걷다

아이들이 어긋나지 않는 힘

아이를 기대고 산 시간을 되짚을 때면 유럽의 한 중앙역이 어김없이 떠오른다. CCTV가 있는 요새도 넘친다는 소매치기가 15여 년 전인 그때는 더 많으면 많았지, 적지는 않았을 거다. 한단이 겨우 네 돌 지날 무렵, 악 소리 날 만큼 사람들이 걱정하는 중앙역에서 우리는 기차를 기다리고 있었다. 몇 나라의 공동체들을 옮겨 다니며 머물던 그때, 트렁크가 하나씩, 등에 멘 봇짐도 하나씩, 한 손에 쥔 작은 가방도 하나씩. 나는 가슴을 가로질러 귀중품 주머니 가방도 멨다. 그런 곳에서도 화장실에 갈 일은 생긴다. 짐을 다 끌고 가자니 화장실 공간이 여의치 않을 테고, 아이 앞에 두자니 마음이 놓이지 않았다. 물론 참았다가 기차에서 볼일을 볼 수도 있을 테지. 그 순간, 아이를 쳐다봤다. 지금 다녀오라고 했다. 그 어린것의 결연한 의지가 뭐라고, 아이의 눈빛을 보니 그래도 되겠다는 생각이 들었다.
화장실을 서둘러 나와 아이가 있는 곳을 바라보는데….

◎•◎•◎

행복은 부디 엄마가 먼저

"옥샘 말씀 듣고 정말 그렇게 좋을 줄만 알았는데…."

내가 주례를 서기도 했던, 동료이자 제자이자 사랑하는 벗인 그가 아이를 키우는 힘겨움을 토로했다.

"애가 배 속에 있던 열 달이랑 젖 먹이던 1년이 생의 가장 빛나는 때였어."

내 말처럼 자기 역시 그럴 줄로 알았으나, 너무 힘들어서 아이에게 화를 낼 뿐만 아니라 사는 데 정신이 하나도 없디란다. 십수 년 보면서도 화가 난 그를 본 적이 없으니 무척 힘이 들긴 하였던가 보다. 그러던 그도 이제 아이를 셋이나 키우고, 큰아이는 어느새 초등학교를 보냈다.

태아 열 달, 그리고 모유 수유기 1년, 엄마로서 몸이 가장 어려운 시기가 그때다. '엄마는 처음'이니까. 자기 생에 그토록 엄청나고 굉장하고 장엄한 존재가 끼어든, 그만큼 배려받아야 할 시기 또한 그때다. 사실 내게 그 시기가 아름다울 수 있었던 배경에는 아이를 같이 돌봐준 동료들, 석사 과정을 밟으면서도 일종의 육아 휴학까지 한 남편이 있었다. 여유가 있었던 거다.

엄마가 아이랑 거리상으로 가장 가까운 시기도 그때다. 동체(同體)로 열 달을 보내고, 또한 거의 일체(一體)형으로 젖을 먹이니까. 그러니 둘레에서 육아하는 엄마를 전적으로 도와주어야 하는 때가 또한 그맘때 아닌가 싶다.

아이가 태어난 1998년은 물꼬가 서울과 영동을 오가던 때였다. 해산달로 예정된 6월이 되기도 전, 배 속에서 8개월 만에 아이가 나오겠다고 했다. 임신부의 무리한 움직임이 문제였다. 병원에 누운 채 동료들이 영동에서 봄 계절학교를 꾸리는 소식을 들었다.

아이가 태어나고 백일 즈음, 우리는 새벽기차를 타고 영동으로 가고 있었다. 앞의 의자를 돌려 동료 셋과 마주 앉았는데, 동료 하나가 급히 날 깨웠다. 엄습하는 서늘함으로 눈을 떴더니, 아이가 사라진 거다. 엄마 품에 있던 아이가 도대체 어디로?

아이는 바닥에 있었다, 엄마한테서 미끄러져서도 자던 잠을 깨지 않고. 아이 백일 즈음이 엄마한테 잠이 제일 모자라는 때라던가.

그 무렵, 수년을 함께 일하며 같이 살던 동료가 낮에 집에 잠깐 들러 한 말도 같은 맥락이겠다.

"옥샘이 그러고 계셔서…."

아이 젖을 먹이며 가슴을 풀어헤쳐 놓은 채 잠이 들었더란다. 그때만 해도 퍽 까칠했을 내 성격으로 보건대 상상이 안 됐을 장면이었다.

생활의 고단으로부터 끌어내주던 동료들이 가져다준 틈이 있었으니 그 시절이 그리 좋을 수 있었던 거다. 행복이란 게 무엇이겠는가. 마음이 좋은 상태를 말하지 않는지! 그게 또 어디 마음으로만 되던가. 몸이 덜 고달파야지. 몸이 덜 힘들고 마음도 좋으니, 아이를 바라보는 결도 순순했을 테고 아이 또한 그만큼 순순하게 지낼 수 있었을 것이다. 우리가 아무리 친절을 가장해도 우리의 결을 아이들은 알고야 마니까. 평안은 아이에게 안정적인 내적 힘을 쌓게 했을 테고, 그것은 엄마에게로 다시 전달되었으리라.

"아이를 행복하게 키우고 싶다면 엄마 마음 좋기, 엄마가 편안하기, 엄마가 먼저 행복하기!"

아이를 키우는 후배들에게 노상 하는 말이다. 곁에 있는 사람들이 양육자를 도와야 더 쉬울 일이겠다.

그런데 남편과 또 같이 사는 동료들로 몸의 고달픔은 덜었지만 마음은 또 다른 과제였다. 아이가 좋아라 하면 마냥 좋은 게 엄마다. 엄마가 행복해하면 또한 더없이 행복한 게 아이들이고. 아이를 키우는 동안 좋은 마음을 유지하기 위해 나는 큰 노력이 필요했다. 스스로 견고할 수 있다면 더할 나위 없으련만 자신을 돌보지 않으면 아이를 열두 번도 더 잡을 사람, 화가 많은 사람이었던 나는 늘 마음을 살피는 공부를 해야 했다. 그만큼이라도 다잡지 않으면 마음은 지치지 않고 어디로든 갔다, 밤새 홀려 천지를 싸다니고 와서 풀이고 나뭇잎이고 떼어내야 하는 광녀처럼. 그만큼이라도 고른 마음이어서 아이에게 덜 잔인하지 않았으려나.

부디 엄마가 먼저 행복하기로!

우리 집의 수다는 뿌리가 깊다

"이젠 자야 해!"

"그래요."

하지만 건너갔던 아이가 다시 엄마 방으로 온다.

"어머니…."

한 단락의 이야기가 끝이 나고 아이는 다시 제 방으로 간다. 앗, 그런데 이제는 엄마가 아들에게 할 말이 생각나네.

"그런데 있잖아…."

우리가 보낸 산골의 숱한 밤풍경이었다.

우리 집의 수다는 뿌리가 깊다. 말이 많아도 너무 많은 아이를 보며, 아이에게 탈이 나도 우리가 모르는 일 때문에 벌어진 건 아닐 거라 생각할 정도였다.

집집마다 부르는 자장가 하나쯤은 있을 텐데, 할머니가 아들을 재우며 불렀던 노래는 다시 아버지가 된 아들이 그 아들을 재우는 데도 쓰였다.

"착한 아들/ 예쁜 아들/ 잠 잘 자는 한단 머리에/ 엄마 아빠 사다 주신 과자 한 봉지/ 먹어 봐도 먹어 봐도 배는 안 불러!"

한단은 과자 백 봉지를 먹고도 잠을 자지 않았다. 아직 돌에 이르지 않은 아이를 가운데 눕히고 노래란 노래는 다 불려와 흘러 다니다 이제 옛이야기로 넘어간다. 아이 이쪽의 아빠는 아이를 토닥이고, 저쪽의 엄마는 이야기를 시작한다. 우리가 흔히 아는 그 결말은 아이가 사는 현재 세상과 연결돼 흐르기도 하고, 이제는 잊힌 이야기가 다른 길을 타고 가기도 한다.

어느새 아이는 잠이 들었는데, 건너편의 남편이 묻는다.

"그래서 어떻게 됐어?"

아이를 재우려고 시작한 이야기의 마지막은 번번이 그렇게 완성되었더라.

남편은 아이가 아주 어릴 때부터 그랬다.

"키워놔야 다 소용없어!"

생활을 너무 아이 중심으로 할 건 아니라는 말이었다. 순화해서 표현하니 그렇지, 애를 상전 모시듯 할 건 아니라는 얘기였다. 아이들이 손을 많이 필요로 하는 존재이지만 그도 분명 우리 생활의 구성원 가운데 하나이지 절대적 위치는 아니라는, 아이한테 너무 목매는 부모가 되지 말자는 뜻이었다.

아이가 제법 걸어 다니던 무렵에 가족이 나란히 나들이를 가노라면, 보통 아이를 사이에 두고 엄마 아빠가 양편에서 손을 잡는 것과 달리 우리 집은 엄마를 사이에 두고 아이와 아빠가 양편에서 손을 잡았다.

아빠는 아이에게 늘 말했다.

"여자한테 잘해야 한다, 엄마는 우리가 보호해야 할 사람이야."

두 돌 지난 어느 때 아이가 나들이를 갔다가 주머니에 뭔가를 채워 왔다. 나뭇잎 하나와 작고 예쁜 돌 세 개, 엄마를 위한 선물이었다.

"엄마도 이 보물들처럼 쪼끄마면 내가 주머니에 넣어서 지켜줄 수 있는데…."

아빠가 늘 그랬던 거다, 아빠 없을 땐 네가 엄마를 지켜야 한다고. 남편이 시카고에서 박사 과정을 밟을 때, 또 도시에서 일할 때, 아이랑 둘이 보내던 시간에 아이가 집안의 가장처럼 축을 잡고 있었다. 그래서 제 생이 무거워진 부분도 있었겠지만, 한편 책임에 대해서 생각해볼 수 있었을 게다.

"아들, 어마마마의 사상 잘 받들고 있나?"

남편의 전화는 언제나 그렇게 시작되었더랬다. 그것은 나중에 4분의 4박자 네 마디로 '우리 집 송(song)'으로까지 불렸다.

"어마마마의/ 사상을/ 받들어 모시자,/ 받들받들!"

집안에 군림하는 절대자같이 들릴지도 모르지만 그건 두 남자가 나를 봐주는 것이었고, 정서적인 지지였으며, 유쾌한 농담이었다. 남편은 아내가, 아이는 엄마가 애쓰는 걸 안다는 의미이기도 했다. 그리고 그것은 산마을 내 삶이 계속 부지(扶持)되는 본디였을 것이다.

"너를 견딜 수 있게 하는 건 어떤 거야?"

고3을 건널 때 한단에게 물었다. 길게 생각할 것도 없이 첫째로 꼽은 게 사이좋은 부모라 했고, 더불어 자기하고도 사이가 좋았던 게 든든했더란다.

겁난 산골살이, 아이가 곁에 있었다

2009년 7월은 비가 많았다. 산언덕을 기대고 선 기숙사가 걱정될 만치 억수비가 이틀 내리 쏟아지던 밤이었다. 세상이 끝장날 것만 같은 빗소리로 야삼경 너머까지 뒤척이다 밖으로 나와 건물을 둘러보는데, '창고동(唱鼓棟)'이라 불리는 강당 문을 연 순간 바깥보다 더 큰 폭포 소리가 났다. 벽을 타고 콸콸 내리는 빗물이 한강수가 따로 없었다.

무서웠다. 열두 살 아이가 곁에서 같이 물을 퍼내지 않았다면 더 무서웠을 밤이었다. 이튿날 잠시 비가 그쳐 지붕에 올라서야 홈통을 타는 물보다 퍼붓는 비가 더 많아 일어난 역류 현상임을 알았다.

사람 때문이 아니라 낡고 너른 살림이 불러오는 문제들로 산마을에서 사는 일은 자주 겁이 났다. 나는 사는 일이 서툴렀고, 시간이 쌓인다고 썩 나아지지도 않았다. 멀리 남편도 있지만, 그의 대답은 간단했다.

"그러니까 도시로 나와서 살면 좋잖아. 내가 유한마담으로 살게 해준다니까. 그간 좋은 일 그만큼 했으면 할 만큼 한 거야. 옥영경이 있는 곳이 물꼬라니까."

자신이 일상적인 일에 서툰 걸 잘 아는 남편은 일찌감치 시골 삶에 선을 그었다. 생태 같은 근본주의에 대한 불신도 그 선을 짙게 했다.

"나는 사람을 믿지 않아. 사람을 믿고 기대서 가는 일은 한계가 많아. 그러니 시스템을 만들어야지."

틀림없는 사회학자로서의 말이었다.

"그래도 책상에 앉아 하는 일보다 몸으로 하는 일의 가치를 아니까 당신을 존경하고 지지하는 거야."

남편은 딱 거기까지! 산골에서 생기는 문제를 그가 알 수도 없고 할 수도 없으니 내가 알아서 해야 했다. 사실 그 자세는 아이를 향한 내 태도이기도 하다.

"한단한테도 물어봤는데…."

내가 하는 말마다 툭하면 한 사람의 발언자로서 아이가 등장한다. 산마을에서 달랑 둘이서 많은 것을 결정해야 했던 시간, 어떤 때는 그 아이가 더 똑똑하게 다른 이(예를 들면 공사업자)의 말을 알아듣고 엄마에게 설명해주기도 했다. 아이들은 날로 영민해지고 어른의 총기는 갈수록 떨어지지 않던가. 그래서 나는 아이들을 가르치는 자리에서 이리 말한다.

"이것 좀 기억해줘. 가르쳐주고 나면 나는 잊어버리고 말 거야. 기억했다 다시 내게 알려주렴."

뒷날 아이들은 정말 그렇게 한다.

한단 열댓 살 때, 심지어 우리는 이런 대화도 나눴다. 엄마가 혹은 아빠가 다른 사랑을 만난다면? 사람이 사는 데 무슨 일인들 없을까, 누군가를 향해 설레는 마음 또한 얼마든지 생길 수 있잖은가. 영화를 보다가 부부 중 한 사람이 바람을 피운 내용 때문이었을 것이다. 그런 일이 우리 가정에서 일어난다면? 아이가 한마디로 정리해주었다. 그건 아버지 어머니의 문제이니 알아서들 하시라.

"너는 둘째 치고, 서로(부부)에게는 어떻게 하는 게 좋을까?"

혹 그런 일이 생기더라도 죽을 때까지 고백 그런 거는 하지 말라고 했다. 모르는 게 서로에게 더 낫단다. 그 사실을 자기 혼자만 아는 거니까, 적어도 다른 가족을 아프게 하지는 않을 테니 그 말이 맞는 것도 같다.

그 아이 흔들릴 때 내가 그러하듯 나 또한 비틀거릴 때 아이에게 의견을 구하고는 한다. 때로 지난하게 혼자 걷는다 싶었던 거친 산골 삶은 곁을 지킨 아이 덕으로도 가능하지 않았을지….

내 편을 갖는다는 의미

꽉 채운 닷새의 일정 가운데 이미 이틀이 다 지나가는, 아마도 그날의 끝 시간이었을 것이다. 산중에서 열댓 명이 하는 수행에 참여하고 있었다. 일종의 집단 상담. 나를 제외하고 같은 종교를 지녔거나 서로 안면 있는 이들이었다.

한 해 두 차례, 이레 혹은 닷새 단식을 하던 때였다. 다른 곳의 수행이 궁금하기도 했고, 내가 사는 터를 떠나 해 보는 수행도 의미 있겠다 싶던 차였다. 긴 일정을 빼서 먼 데까지 가는 게 산골 삶에서 쉽잖다가 마침 새 학년이 시작되기 전 잡은 단식 일정이 그곳과 딱 맞아떨어졌네, 가라는 말이었다. 가야지, 그렇게 갔다.

성찰 혹은 치유를 작정하고 온 사람들은 진행자가 시작을 알리

자마자 거침없이 자신들의 내밀한 사연들을 꺼내놓았다. 사람이란 어쩌면 그렇게나 억울함과 분함과 슬픔과 고통을 공유하고 있는지, 내가 살며 겪는 일들이 아무것도 특별하지 않은 내용물이 되어 한 사람이 이야기를 시작하면 이 사람이 덧붙이고 저 사람이 위로하면서 순풍에 돛을 달고 흘러갔다.

그 가운데 유일했던 남자 분이 1980년대 노동운동 현장을 이야기했다. 같은 내용을 두고 나 역시 안에서 올라오는 말이 있어 꺼내기 시작했는데, 아주 짧은 정적이 일더니 전깃줄 잘못 밟아 감전된 것처럼 뜨악한 표정들이 이어졌다. 뭐가 잘못된 것일까?

그들이 물었다. 여태껏 한마디도 안 하다가 왜 이제야 말하느냐, 우아하게 앉아서 남이 하는 말은 다 들으면서 자기 이야기는 왜 하지 않았느냐, 여자들이 말할 땐 가만있더니 남자가 말하니까 대꾸하는 거냐, 너도나도 하던 한마디들은 인신공격으로 이어졌다. '혼자 학처럼 허리 빳빳하게 세우고 앉아있다, 우리도 그런 긴 치마 있지만, 이런 데서는 체육복이나 몸빼 입는다, 우리 다 밥 먹는데 혼자 단식한다고 먹지도 않고….'

그간 살아오며 가진 분노를 오늘 이 한 사람을 향해 다 쏟아붓겠다는 양, 인간 삶은 미워해야 할 대상이 늘 필요하다는 양 그들의 분노는 내게로 향했다.

무엇이라도 말해야 할 순간이었다. 나는 한 사람 한 사람을 둘러보았다.

"저도 모씨처럼 분노한 순간이 있었고, 모씨처럼 고통스러운 적도 있었지만, 제가 마음을 살펴 따라갈 땐 반응이 좀 더딘데, 공감하며 뭔가 말하려 하면 벌써 다음으로 넘어가고…. 남자 분 이야기는, 그 현장에 저 역시 있었던 사람이라…."

"아, 됐고! 이제 당신 이야기 좀 해 봐요."

봇물 터지듯 여기저기 한마디씩 궁금해 하던 것들을 던졌다. 이틀 동안 나는 관찰되고 있었던 것이다. 나이에서부터 결혼은 했느냐, 애는 있느냐, 무슨 일 하느냐….

"이 순간 저희 식구들이 보고 싶습니다."

이이가 무슨 말을 하려고 이러나 의아스러운 표정들이다.

"저도 억울할 만큼 억울하고, 분할 만큼 분하고, 아플 만큼 아픈 일 많았습니다. 하루하루 치열하게 살면서도 사는 게 너무 멀고 길어서, 사람이 사는 일 자체가 너무 고달프고 서러워서, 또 하루를 살아야 하는 건가 눈 뜨는 아침이 고통이기도 했습니다. 그런데 지금 저는, 아팠던 그때만큼 아프지 않고 화났던 그때만큼 화나지 않는데, 바로 남편과 아이 덕이 아닌가 싶습니다. 어쩜 그토록 한 사람을 절대적으로 지지하고 응원하고 아끼고 사랑할 수 있을까요. 아주 먼

곳으로 떠났다가도 결국 집으로 돌아오고야 말게 하는…. 제가 가진 울림과 떨림을 저보다 더 많이 이해하는 것 같은 남편이, 아이랑 하는 깊은 교감이, 사랑이라는 게 사람을 얼마나 치유해낼 수 있는지를 새삼 생각합니다."

바로 그 힘이 물꼬 일도 하게 하고 아이들을 안아낼 수 있게 한다고 덧붙였다. 물꼬가 무슨 생각을 하고, 내가 거기서 무엇을 하는가도. 내 삶에 어깨동무한 가장 가까운 이가 그였고, 아이의 위로와 위안 또한 여태껏 내 삶을 끌어준다, 그런 사람 하나쯤만 있어도 우리는 죽지 않고 살 수 있지 않더냐, 그래서 나도 우리 아이들에게 그런 사람 하나 되려고 애쓰며 산다, 내 이야기는 그렇게 끝이 났더랬다.

별스러울 것도 없는 가족 이야기였을 뿐 이야기 전이나 후나 나는 같은 사람인데, 짧지 않은 대답이 끝나자 잡아먹을 듯했던 사람들은 갑자기 아군을 넘어 오래고 절친하고 끈끈한 벗으로 다가왔다. 그중 몇은 지금까지도 물꼬에 큰 일꾼 노릇도 하니 사람 일이란 참…. 우리가 안다는 것은 그런 것이다. 그래서 말이 필요하다. 이심전심이면 더할 나위 없지만.

◉•◉•◉

그날 중앙역에서 제법 긴 줄을 선 끝에 화장실을 나왔는데, 대번에 무리를 지어 웅성거리는 곳이 아이가 있는 자리임을 알았다. 불안이

밀려오는 그 찰나가 영원같이 긴 시간인 줄을 아시리.

사람들을 헤치고 들어가자, 아이가 가방들을 그러잡고 앙앙거리고 있었다. 아이 가까이 섰던 여자가 말했다, 아이가 살려 달라 외쳐서 지나가다 섰다고.

한단은 어떤 남자가 말을 시키고 가방을 만지려고 해서 소리를 질렀다고 했다. 누군가 살짝만 만져도 "Help me, help me!" 외칠 것이니 걱정 말라고 했던 아이였다. 놀란 결에 달아나버린 그 남자가 정말 소매치기였는지는 모른다. 드물지만 아이에게 거칠게 드러나는 어떤 면을 볼 때면 그때 그 순간 같은 각오가 아닐까 싶고는 했다.

아이와 나는 그런 날들을 같이 지나왔다. 이제 그는 엄마와 점점 분리되어 넓은 세상을 향해 가고 있다. 그리고 그곳에서 또 다른 누군가와 삶을 연대하며 살아갈 것이다.

세상 무슨 일이 벌어지더라도 온전한 내 편 하나 있다면 크게 어긋나지 않고 살아갈 우리 아이들이라. 그 편인 사람 하나가 엄마인 거라.

아이 앞의 모든 어른은 교사다

문 여는 소리부터가 요란한 낡은 산골살림, 막 물꼬 교무실을 들어서는데 전화기를 들고 있던 아이가 돌아보며 손가락을 입에 댔다. 조용히 하라는 거다. 아이가 열세 살 무렵이었다. 통화는 쉬 끝나지 않았다.

"뭐야?"

입 모양으로만 물었다. 처음엔 대답을 알아듣지 못했다.

도교육청이라고 했다.

'아니, 그럼 나를 바꾸어야지, 왜 저가 전화기를 들고 있는 거지?'

대안학교도 제도 안으로 끌어안고자 하는 교육부의 움직임이 매우 활발해지던 시기였다. 학교 밖 청소년들을 위해 제도적 시스템이 여기저기 만들어지고 있었다. 도교육청으로부터 각 대안학교의 검정고시에 대한 실태조사가 잦았던 것도 그즈음이다.

그런데 통화를 건너 듣자니 온 전화가 아니라, 아이가 건 전화였다.

왜?

◎•◎•◎

세상으로 조금씩 걸어 나가는 아이

아이가 읍내에 다녀오겠다고 했다. 한단이 초등학교 4학년 나이였다.

마을마다 멎는 버스는 읍내까지 한 시간은 족히 걸린다. 우리 마을 대해리 골짝까지는 하루 세 차례, 대해리에서 2킬로미터를 걸어 큰길까지 나가면 하루 다섯 차례 물한리에서 읍내를 오가는 버스를 만날 수 있다. 어르신들은 장날 새벽 버스를 타고 나가 막차를 타고 들어들 오셨다.

"뭐 하러?"

"도서관도 가고…."

그날 한단은 낮 버스를 타고 나가 저녁 버스를 타고 들어왔다. 손에는 메고 간 가방 말고도 낯선 가방이 들려 있었다. 문제집이라고 했다. 각 주요 과목과 기타 과목, 그렇게 다섯 권을 가방에 넣어 판다고 했다.

"이런 거 다른 아이들은 엄마가 사주는데…."

"말을 하지."

책을 사러 드나들었으니 서점이 낯설 리야 없지만 문제집 살 생각은 어떻게 했을까? 나도 모르는 사이에 아이는 그렇게 세상으로 조금씩 걸어 나가고 있었다, 처지고 싶지 않은 불안에서였건, 또래 아이들이 갖는 경험에 대한 갈구였건.

뭐 얼마나 들여다볼까 싶었다. 시작은 창대하고 끝은 늘 희미하기 일쑤인 게 우리네니까. 한데 아이는 날마다 할 분량을 정해놓고 기어이 끝을 보았다. 학교 다닐 적 나는 처음부터 끝까지 다 푼 문제집이 한 권도 없었지 싶다. 늘 그렇듯 우리보다 아이들이 낫다. 아니, 남들까지야 잘 모르겠고, 적어도 나보다는 우리 아이가 나았다. '자기 일'이면 흔히 그렇듯 아이들도 자기 일이고 보면 제 식으로 어떻게든 하더라는!

다음 해, 읍내 한 교장선생님이 이제 한단도 제도권 학교를 보내보는 건 어떠냐고 물어오셨다. 엄마가 읍내까지 주에 몇 차례 나가던 그때여서, 아이도 같이 도서관이며 서점이며 이미 주기적으로 읍내를 다니고 있었다. 제도권 학교를 가 봐도 좋지 않겠나 생각하던 참이라 일은 그렇게 흘렀다. 그해, 2학기가 시작되고서 아이도 드디어 학교를 갔다. 8월 말의 5학년 교실이었다.

제도권 학교에 쉽게 익어버리진 않을까 싶어 거기서 보내는 날들이 너무 오랜 시간이 아니길 바랍니다. 스스로 깨쳐가던 즐거운 진리 추구의 길에서 이제 누가 가르쳐주는 것을 익히는 데 쉬 길들지 않을까 걱정이 일지요. 물론 제도권 학교는 이 시대 대다수가 거치는 길이고, 아이의 표현을 그대로 빌리자면 '엄마도 제도권 학교를 통해' 탈학교를 꿈꾸었습니다. 그래도 여전히 제도권 교육을 지지할 수는 없네요. 학교를 다니는 동안 어느새 자기 마음이 간절히 바라는 것을 잊어버리고 삶이 주는 전율하는 기쁨들을 지나쳐버리기 일쑤이며, 다수가 해야만 한다는 것에 그만 내몰려 자기의 정체성을 잃고 사회가 만들어놓은 기준에 무조건 끌려가는 일 또한 허다합니다. 정신을 바짝 차리지 않으면 안 된다 단단히 일러주었지요. 말할 것도 없이 누가 뭐래도 학교가 가진 긍정성이야 있다마다요. 사회에 대한 적응도 배울 것이고, 거기에서 쓰일 기술들도 익히겠지요.

그런데 우리 삶에는 그 너머의 것들이 분명 있습니다. 탈학교 지향자들은 어쩌면 바로 그 너머의 것에 대한 가치를 크게 두는 이들이 아닐까 짐작합니다.

학교에서 배우기 힘든 생의 깊고 오묘한, 우리 삶의 진한 질감들이 있지요. 삶의 목적을 스스로 찾고, 우주를 우러르며 자신이 그 한 부분임을 느끼며, 자신의 심연에서 나오는 소리에 귀기울이며 살아가는 일, 그것이야말로 학교가 아니라 특히 부모가 가르쳐주어야 할 것들 아닐는지요.

9. 1. 불날. 맑음 / 날적이 가운데서

하지만 아이의 제도권 학교 경험은 그해 10월로 막을 내렸다, 달포 만에.

'아니! 학교를 다니기로 했으면 적어도 한 학기는 다녀봐야지, 겨우 한 달 다니고….'

한단은 이제 학교를 계속 다녔으면 좋겠다는 엄마를 설득하기 시작했다. 서면으로 제출하라고 했다. 그동안 학교를 다니며 아이의 마음에서 일어나는 불만을 낱낱이 전해 듣던 터라 아이의 결정이 새삼스럽진 않았지만, 그가 자기 생각을 정리할 수 있길 바랐다.

그는 A4용지 다섯 장(글자크기 10포인트, 행간 160)에 학교를 가지 않을 이유를 찬찬히 써냈다. (아이 표현을 그대로 옮기면) '혼자서 그동안 즐겁고 좋았던 공부가 학교를 가니 재밌지가 않더라, 운동장 조회처럼 행정적이고 제도적인 것이 사람의 자유를 억압하는 것 같더라, 시디롬 한 장도 안 되는 지식을 가지고 학생들을 꽁꽁 매어두는 것도 이해가 안 됐다, 인플레이션이라든지 정치 · 사회 문제는 그리 단답형으로만 가르칠 게 아닌데 더 깊은 토론을 할 수 없었다, 똥도 못 누고 이른 아침부터 학교를 가서 문제집을 그대로 칠판에 쓴 것을 다시 공책에 옮겨 적고 종일 수업하고 방과 후 공부를 또 하고, 학생들이 학교에서 너무 많은 시간을 허비하는 것 같았다….'

내가 더 할 수 있는 말이 없었다.

> 친구들과 인사도 하고, 포옹도 하고 했다. 사실 학교를 그만두게 된 게 후회가 되기도 한다. 내가 너무 성급하고 잘못된 결정을 한 것은 아닌지…. 무엇보다 친해진 친구들과 좋은 선생님들 헤어지는 게 많이 서운했다. 그렇지만 학교야 다시 다니면 되고, 엄마 아빠가 선택하신 것이니까 큰 걱정이 되지는 않는다.
>
> 앞으로 나는 예전같이 느긋하게 공부하지 않고, 검정고시 준비도 하고, 공부도 열심히 하려고 한다. 그리고 영동도서관에 나가서 하던 서예, 문인화도 계속 열심히 할 것이고, 피아노 연습이나, 교과학습 같은 것 등을 꾸준히 할 것이다.
>
> 10. 9. 쇠날. 맑음 / 열두 살, 한단의 날적이 가운데서

부모에 대한 신뢰를 읽었고, 그러나 그만큼 또 불안을 보았다. 남들 사는 대로 산다고 우리가 불안하지 않을 것도 아니었다, 위로라면 그거였다. 살아볼밖에, 위안이라면 또한 그것이었다.

안 돼도 좋은 경험이야!

한단이 열네 살 나이를 보내고 있던 해 6월 초, 한 환경단체의 공지 하나가 물꼬 누리집에 올랐다. 외국은행과 공동 주관하여 제주도에서 무료로 진행하는 이 환경캠프는 10기에 이르고 있었다. 중학생 80명 선발에 그해 지원자는 무려 1,250명. 삼수하는 아이들도 적지 않고, 유명 외국계 학교와 대안학교들에서 신청이 넘쳤다 했다. 1차는 제출한 에세이로 2배수 160명을 뽑고, 2차 면접에서 2대1의 경쟁을 뚫어야 했다.

한단도 1차 관문인 에세이를 썼고, 운 좋게도 합격자에 포함되었다. 무료한 산골살이에 재미 하나가 만들어진 거다. 아이는 학교도 다니지 않고 고립된 듯한 산골에서 그렇게 세상과 소통할 창구를 찾아내며 살아가고 있었다.

7월 9일, 전날 갑작스레 귀 수술을 받은 아이는 귀를 싸매고 서울 대학로에 갔다. 80명만 남는 2차 면접이 있었다. 개인기를 보이느라 악기까지 들고 온 아이가 있는가 하면, 부모들의 바라지가 이만저만 아니었다는 소식을 들으며 그 대열일 수 없어 적잖이 미안했다.

그날 엄마는 외려 아이의 위로를 들으며 돌아왔다.

"안 돼도 좋은 경험이야!"

고맙게도 아이는 제주도에 잘 다녀왔고, 그 인연들과 한참을 교류하며 세상과 만났다.

성공의 경험이 쌓이는 것은 중요하다. 그것이 자신감을 불러주기도 한다. 성공의 횟수도 도전이 많을수록 더 많아지지 않겠는지.

잘한 게 있다면, 아이의 삶에 덜 개입한 것

나는 황새 따라가다가는 가랑이가 찢어져 버리고 말 뱁새다. 애저녁에 그걸 알았다. 생에 대해 그리 까불지 않게 되었으니 다행이라고 해야겠다. 뱁새가 황새가 될 수 없다면 뱁새로서도 살길을 찾아볼 수밖에!

육아도 그랬다. 몇 읽은 육아서는 황새였다. 나는 그런 사람이 아니고, 그렇게 할 수도 없는데, 그렇게 하라는 육아서는 힘에 겨웠다.

누구나 사는 길을 택한다. 뱁새도 살길을 찾는다. 태어난 아이를 키우지 않을 수야 없잖은가. 이왕이면 잘하고 싶은 거야 생에 늘 넘치는 일 아니던가. 아이가 잘 자라도록 도울 수 있다면 얼마나 좋을까. 하지만 나는 가난했고 똑똑하지도 못했으며 슬기롭지도 못했다. 그렇다고 엄마가 아닌가. 뱁새는 삶이 없겠는가. 그렇지 않다는 걸 우리는 모두 이미 알고 있다!

토마스 쿡의 소설에 나온 비유였을 것이다. 보통 씨앗을 주문하면 대개 예상한 것과 같은 씨앗이 온다. 그런데 한 번은 내가 주문하지 않은 게 왔다. 씨앗을 뿌리고 장미를 기대했는데 나온 것이 제라늄이다. 이 시점에서 우리는 계획을 바꾸어야 한다. 원래 내가 바라던 장미처럼 물을 주고 거름을 줄 수는 없는 노릇이다. 인정해야 한다. 제라늄은 장미가 아니지만, 적어도 건강한 제라늄으로 키울 수는 있지 않겠는가.

나는 바라던 장미가 아니라 제라늄이다. 아이도 바라던 장미가 아니라 제라늄이다. 장미가 아니더라도 우리는 건강한 제라늄으로 얼마든지 행복할 권리가 있고 잘 살아갈 수 있다.

특수교사이기도 한 나는 장애아들에 대한 가까운 소식들이 적잖다. 부모가 장애인인데 아이는 장애가 없는 경우도 여럿 보았다. 장애가 없는 아이가 부모의 손발 혹은 눈이 되는 경우가 드물지 않았다. 부모보다 뛰어난 아이들이 얼마든지 있었다.

때로는 부모가 알아도 모를 필요가 있다. 내가 어리석을 때 아이들이 길이 되어주니까.

나는 가끔 상상한다. 하늘 저 위에서 아이들의 영혼이 세상을 굽어보다가 자기가 가고 싶은 집을 콕 하고 고르면 삼신할미가 엉덩이를 두들겨 왔다는, 그래서 아이들이 모자란 곳을 채우러 지상으로 내려왔다는, 우리가 원한 게 아니라 아이들이 원해서 왔다는 상상 말이다. 정말 그럴 수도 있다. 우주의 신비를 누가 알겠는가.

내가 아이에게 적게나마 잘한 게 있다면, 그의 삶에 덜 개입한 게 아닐까 싶다. 대단한 교육 혹은 양육의 사유 안에서 만들어진 게 아니라, 그저 나 살기가 바쁘다 보니 얻어진 결과이긴 하지만…. 한단을 봐도, 물꼬에서 만나는 아이들을 봐도 덜 만질수록 빨리 낫는 뾰루지 같다는 생각이 아이들을 만나는 날들만큼 쌓였다.

우리가 만들다 망쳤다고 던진 찰흙에서 아이들은 그들의 힘으로 새로운 마을을 건설하고 있었다!

나나 똑바로 살게

내가 한동안 신고 다닌 신발은 발등 바깥쪽으로 지퍼를 여닫는 것이었다. 밖으로 나갈 때면 아이가 먼저 나가 지퍼를 열어주고, 발을 쏘옥 넣고 나면 다시 지퍼를 닫아주었다. 다른 나라 공동체를 찾아다니며 일하던 때였으니, 한단의 나이 댓 살이었다. 오래 무릎을 앓으며 엎드려 신발을 신는 데도 낑낑거리는 엄마를 위해 아이는 현관에 먼저 내려선 것이다. 아버지가 없을 땐 네가 엄마를 지켜야 해, 누누이 부탁한 남편 때문이기도 했겠지만, 아이는 그걸 제 일로 여겼다.

"문 잠가!"

명령조다. 가끔 누가 어른인가 싶었다. 지갑 챙기기도 문단속도 잘 못하는 헹글헹글한 엄마한테 아이는 종종 어른이 되었고, 나중에는 보호자도 되었다.

차에 둔 내비게이션을 잃어버렸다는 누군가의 얘기를 들은 뒤로 한참 차를 세워둘 양이면 한단은 꼭 그것을 뽑아 깊숙이 넣어두었다.

"아이고, 우리 엄마 어째, 그러면 사람들이 만만하게 생각해요!"

심지어 열두어 살짜리에게 이런 잔소리까지 듣는 날이 온다.

언젠가 갈림길에서 차가 엉뚱한 길로 들어섰을 때였다. 내비게이션이 있어도 도대체 귀에 잘 들어오지 않는 엄마다. 이건 운전의 문제만은 아니다. 사람의 목소리라고 꼭 잘 듣는 것도 아니지만 기계 음성은 더 못 알아듣고, 기계류 앞에만 서면 머리가 하얘지면서 뭘 해야 할지 몰라 당혹해한다. 학교를 다니지 않아 거의 엄마랑 붙어 다닌 아이는 차 뒷좌석에서 내비게이션 노릇을 하곤 했는데, 엄마 대신 아이가 누군가에게 문자를 보내주던 참에 벌어진 일이었다. 당혹한 내게 사태를 알아챈 아이가 또박또박 타이르듯 말했다.

"당황하지 말고 침착하게 살펴봐, 내비를."

그건 소름 끼칠 정도로 똑같은, 어느 때의 내 모습이기도 했다!

"제 교육에도 신경 좀 써줘요."

아이는 가끔 어미에게 그리 말했다.

"내가 무엇을 가르칠 수 있겠니, 나나 똑바로 살게."

내가 거짓을 말하는 것도 그 아이는 보았고, 내가 진실을 말하는 것 역시 그 아이가 보았다. 우리가 거짓된 삶을 사는 것도 아이들이 볼 테고, 우리가 참되게 사는 것 또한 아이들이 볼 테다. '나나 똑바로 살 일'이다.

◎•◎•◎

아이가 전화기를 내려놓았다. 마침 물꼬로 온 검정고시 안내문을 눈여겨보고 도교육청에 제가 문의한 모양이었다. 장학사님은 '왜 학교를 다니지 않느냐, 학교 꼭 다녀야 한다.' 그러시더란다. 물론 학교를 다니는 것도 괜찮다. 그렇지만 배움의 목적이 진리에 이르는 길 혹은 사람됨이라 할 때 꼭 학교만 그 역할을 할 수 있는 건 아니지!

마지막에 장학사님이 묻더란다. 부모님은 뭐 하시고 네가 전화를 하니, 하고. 제 마음이 급했던 게지, 또래 아이들이 다니는 학교를 가지 않는 불안이 있었을 것이다. 어른들이 무어라 하지 않아도 제 일이면 아이들도 제가 움직인다. 그러니 그의 일임을 상기시켜주는 것이라면 모를까, 공부해라 뭐 해라 일일이 부모가 말할 게 아니다. 아이는 그날부터 서서히 검정고시를 준비하고 있었다.

아이들이 어디 가르치는 대로 되던가, 본 대로 한다. 그들을 둘러싼 것들을 통해 보고 들으며 배운다. 그들이 잘 살지 못하고 있다면 우리 어른들이 잘 살지 못하고 있는 것!
그런 생각도 한다. 우리가 손을 덜 대서 그나마 우리 아이들이
이 정도라도 자라주었다. 자꾸 뒤집어서 망치고 마는 부침개처럼
우리가 자꾸 뭔가 개입해서 멀쩡한 아이들을 망치고 있는 건
아닐까.

마침내
우리를 가르치고야 만다

짐을 쌌다. 산골을 한번 나가면 여러 곳의 일을 몰아서 보고 오느라 외출이 길어지는 데다, 먹을거리 널린 고속도로 휴게소이지만 웬만하면 먹을 것들까지 싼다. 외출복을 챙겨 입고 몰골을 정비하는 것까지야 시간을 별 쓰지 않더라도 낡고 너른 집을 한참 비우는 동안 손이 가야 할 곳도 많다. 학교를 돌보는 이야 있었지만, 남은 이들이 먹는 걸 챙기는 수고를 덜어주려 냉장고도 좀 채워야 하고, 장마라도 이어질 때면 까만 곰팡이의 습격을 피해 가기 어려우니 여기저기 갈무리가 필요하다. 아직 아이 짐도 살펴보지 못했다. 이럴 땐 말도 시키지 않는 게 도와주는 건데, 아이가 저기서 쫓아온다. 그러고는 엄마 앞으로 종이쪽지를 쑤욱 내미는데….

◉•◉•◉

산과 들이 키우고

"그저 멕이고 입히고 재우고, 그랬지요 뭐."

학교를 다니지 않는 아이를 어떻게 가르쳤느냐 물어오면 내가 하는 대답이었다. 사람들은 그 대답을 으레 하는 성의 없는 말로 듣거나 겸손으로 듣거나 아니면 비약해서 듣기도 했다. 좋은 엄마는 아무나 되는 게 아닌 줄 알아서 나쁜 엄마나 되지 않았으면 좋겠다고 생각했을 뿐이다. 좋은 사람이나 좋은 엄마가 될 수 있는 거지, 좋은 사람이려고 용쓰는 엄마한테 좋은 엄마는 너무 큰 이상이었다. 사실 내 가난도 자발적 가난의 이름을 내세웠지만, 별수 없이 그냥 가난한 것이기도 했다. 다만 그것을 스스로 크게 문제 삼지 않았다는 의미에서 자발적 가난이었다고나 할까.

더 할 수 있는 게 별 없는 엄마가 산골에 사는 건 얼마나 다행하던지. 아이에게 산과 들은 놀이터이기도 했고, 그 어떤 말로도 표현할 수 없는 완벽한 학교였다. 밭의 풀 하나도 선생 아닌 것이 없었다. 엄지와 검지의 작은 힘으로 쓰윽 뽑히는, 미약하기 짝이 없는 풀도 그 푸른 생명의 견고한 절벽으로 서서 우리에게 채찍이 되어주었다. 돌아서면 어느새 이만큼 또 자라는 풀을 매며 목숨 가진 것들의 질기디 질긴 삶을 보았으니, 끝내 이기고야 마는 생을 배웠으니!

산마을에서 때를 먼저 아는 것도 아이였다. 겨울이 범보다 무서운 엄마가 긴 동면기를 보낼 때 봄을 집 안으로 끌어오는 것도 그였다. 언덕 양지바른 쪽에 다보록다보록 앉은 냉이를 이른 봄 밥상에 올린 한단은 돌 틈에서 달래도 먼저 캐 왔고, 원추리도 베 왔다. 논가의 키 낮은 미나리도 아이가 먼저 찾아냈다. 늦봄에는 파드득나물을 하루도 거르지 않고 베 와 부엌에 들여 주었다.

"너는 산골서 뭐 하니?"

"농사지어요."

그 농사라는 게 완두콩 열 알, 콩 열 알, 팥 다섯 알, 오이 모종 다섯, 가지 다섯 포기…. 사택 앞마당 남새밭에서 아이가 기른 상추·부추·열무·아욱이 찬이 되었다.

드디어 제대로 봄이 왔나 보다. 개구리들이 겨울잠에서 깨어나고, 길에는 갖가지 꽃들이 피어있다.

오늘은 식물도감을 만들었다. 이번 봄학기 '통합교과'로 풀을 탐구하고 있는데, 수업의 일부분이 대해리 식물도감을 만드는 것이다. 눈이랴, 바람이랴 풀들이 없어서 소홀히 하고 있었는데 꽃을 보고는 방에서 야생화도감을 가지고 나왔다.

야생화도감을 들고 유심히 길을 바라보니 평소에 무심코 지나가 버렸던 많은 풀이 눈에 보였다. 선개불알풀, 별꽃…. 관찰하니 신기한 게 많다. 별꽃은 잎이 열 개처럼 보이지만 실은 다섯

개이고, 땅에 붙어 자라는 줄 알았던 개불알풀이 줄기가 10센티미터가 넘는다는 것 등.

관찰하는 즐거움이 생긴 것 같다. 저녁에 밭에 잡초를 뽑다 보니 내가 항상 뽑던 잡초가 별꽃이라는 걸 알았다. 그냥 아무 생각 없이 뽑고 있는 풀에도 이름이 있는 게 신기하다. 정말 아는 만큼 보이나 보다.

간장 집 앞에는 부추 싹이 올라오고 있다. 봄 부추는 사위도 안 줄 만큼 몸에(특히 남자들한테) 좋다고 한다. 참기름, 마늘, 액젓, 고춧가루를 넣고 비벼 먹으면 일품이다. 나도 열심히 먹어야겠다.

우울할 때 꽃들과 새싹들을 보면 기운이 나는 것 같다. 나도 잘할 수 있을 거다, 다 지나갈 거다 이런 희망을 불어넣어 준다. 이런 소소한 희망으로 오늘도 이 산골에서 열심히 살아간다.

3. 19. 달날. 더움 / 열다섯 살, 한단의 날적이 〈소소한 희망〉 가운데서

아이는 대해리 둘레길을 만든다며 산을 헤집고 다녔고, 그러다 취나물을 뜯어 오거나 고사리를 꺾고 더덕을 캐 오기도 했으며 버섯을 따 와 어른들한테 식용인가를 묻기도 하였다. 물꼬 뒤뜰 언덕에는 아지트를 파서 '살아남기' 시리즈를 이어가기도 했다. 풀을 뜯어 닭장에 넣어주는 아이를 보고 나는 닭도 풀을 먹는 걸 알았다.

늘 거기 있었지만 보지 못하던 것을 한단은 처음 보기도 하였고, 궁금해 하는 것이 많아지면서 찾아볼 것도 늘었다. 번역 책에 나오는 긴 이름은 잘도 기억해도 들풀 이름은 곧잘 잊었는데, 봄이 오면 또 물어왔다. 이름을 아는 순간 사물에 대한 앎이 거기서 끝나는 경우도 허다한데, 그는 자유롭게 떠돌아다니면서 이름 너머로 무수한 발견을 이어갔다. 그의 얼굴에서 벅찬 기쁨이 전해왔다. 행복이란 그런 얼굴일 것이다.

일상이 키우고

산골의 우리 삶은 거칠다. 원시적으로 산다고 하면 그제야 사람들은 이해하겠단 표정이다. 하지만 현시대가 주는 편리함의 수위가 있으므로 이 불편을 짐작하지 못하기에, 이곳에 와서 지독하게 고생하고 간 뒤 다시 올 엄두를 못 내기도 한다.

역설적이게도 불편해서 더 풍성한 면이 없잖았다. 편의가 적은 대신 손발로 해야만 하는 일이 잔잔한 재미들을 불렀고, 없는 것들이 대체용품을 찾게 하거나 우리의 지혜를 끌어내게도 했다.

텔레비전 프로그램의 주인공이었던 비폭력주의 고수 맥가이버가 주위에 굴러다니는 잡동사니를 써서 맨손으로 적을 물리치고 사건을 해결하는 모습에 견주어 '류가이버 · 옥가이버'라고 서로를 부르기도 했다. 엄마가 뭔가 해내면 아들이 말했다. "엄마가 정답이야!"

아들이 해냈을 땐 엄마가 "아들이 정답이군!" 그랬다.

억지로 불편하게 만들 것까지야 있겠냐만 편안함이 꼭 공부를 하게 하는 전제는 아니었다. 아무렴 없는 것보다 당연히 낫겠지만 말이다. 힘은 들었어도, 그 환경은 아이도 나도 어떤 면에서 건강한 사람으로 잘 지내게 했다. 어차피 삶은 일상의 토대 위에 세워지는 일이지 않던가.

> 오늘은 연탄을 날랐다. 연탄을 나르며 느낀 건 세 가지가 있다.
> 하나는 확실히 우리가 하면 할수록 실력이 는다는 것이다. 처음엔 다닥다닥 붙어서 나르더니 나중에는 연탄을 하늘로 던지기도 했다.
> 둘은 나이가 들수록 연탄을 나를 때 밑으로 내려온다는 법칙을 발견한 거다. 4, 5학년 때는 맨 위에서 하고, 6학년 때는 중간에서 하더니, 이번에는 밑에서 했다. 내가 차츰 커가는 게 기쁘다.(연탄트럭에서 가파른 계단을 지나 평지로 가서 창고로 이어짐.)
> 셋은 '일에 재미를 가지자'는 거다. 힘들고 재밌는 게 반반인 연탄 나르기였다.
>
> 5. 13. 쇠날. 화창 / 열네 살, 한단의 날적이 가운데서

굳이 유명한 동화책에서 문장을 끌어올 것까지 없겠지만, 나날의 삶이, 산골에서의 우리 일상이 흠 없는 구슬, 완전한 학교였더라!

> "… 이 지상에서 날마다 우연히 마주치는 것들에서 마법을 찾았다. 일상의 마법은 아주 다양한 모습으로 존재한다. 그것을 찾으러 굳이 멀리 갈 것까지 없다. 우리 삶을 최선을 다해 살아내면 그게 바로 마법!"
>
> "… You have found the magic in things you encounter on earth every day. There are many other forms of everyday magic. You never have to look far to find it. You only have to live your life to the fullest."
>
> 메리 폽 어즈번, 《Magic Tree House》 가운데서

도서관이 키우고

간혹 시골에는 아무것도 없는 줄 아는 사람들이 있다. 그래서 도시로 가야만 한다고 생각하는…. 우리 읍내에는 도서관이 둘이나 있다. 버스는 산마을까지 하루 세 차례밖에 들어오지 않지만, 골짜기마다 길이 좋아서 자가용 없어도 가기 어렵지 않다. 작은 안타까움이라면 자가용으로 30여 분이 버스로는 한 시간 걸리는 정도겠다. 장날 맞춰 이른 아침 버스에 오르면 관내 소식도 두루 듣고, 도

서관까지 들러 서가를 돌다 보면 저녁 버스까지 새는 틈이 없다.

군립도서관이 생기기 전 교육청 산하 도서관이 한단을 키운 건, 못해도 2할은 될 것이다. 3층의 평생교육원에서 붓글씨를 익히고 수묵화도, 유화도 그렸다. 다른 아이들이 학교를 가는 오전에 도서관으로 온 아이에게 낯설기도 하였을 어르신들이 몇 해가 흐르는 속에 자연스레 훌륭한 벗이 되어주셨다.

"으, 사람마다 이야기가 다 달라."

한마디씩 주시는 조언은 관심받는 즐거운 비명을 지르게도 했다. 그곳에는 쉰도 넘어 된 화가인 여자 친구가 있고, 전직 교장인 일흔 남자 친구도 있었다. 다양한 직업과 나이대의 어르신들 가운데 아이는 성큼 자라 논밭에서 굴착기도 다루는 열두 살에 이르렀다.

3층 전시실은 또 얼마나 멋진 전람회가 되어주던지, 산골 우리들의 문화적 욕구를 채워주는 귀한 공간이었다. 2층 자료실은 우리들의 자료실에 다름 아니었다. 큰 서가는 아니지만 부족함이 없었고, 때로 찾는 자료가 없을 때 부탁을 하면 비치해주기도 했으며, 관심 분야의 책이 들어오면 먼저 소식을 주기도 했다.

그 곁의 멀티미디어실은 가끔 아이를 기다리는 엄마의 좋은 작업실이 되었다. 손전화 없이 지내는 아이에게 자료실 담당선생님은 연락책이 되어주셨다. 귀찮기도 하련만 아이는 싫은 소리 한마디 들어본 적이 없다고 했다. 예정보다 일이 늦어져 아이를 오래 기다리게 할 때면 그곳은 좋은 보호실이 되어주었다.

1층 열람실도 내게 더할 나위 없는 작업실이었다. 중간고사를 앞둔 중·고등학생, 취업이나 국가고시를 준비하는 진지한 사람들 틈에서 강의나 아이들 수업을 준비하고, 혹은 잡지사에 보낼 글을 정리하고는 하였다.

1층 맨 안쪽의 너른 강의실은 드물지만 모임 장소가 되거나 의미 있는 강의를 듣는 곳이기도 하였다. 가끔 아이랑 참여하여 유익한 시간을 보냈다.

지하엔 비싸지 않은 구내식당이 있었다. 밥 많이 먹는 아이에게 한없이 반가울 곳이다. "엄마, 여기는 공깃밥 값을 따로 안 받는다!" 도시락을 싸 가기에 수월치 않은 한겨울이나 한여름이면 아이 혼자 밥 먹을 곳이 마땅찮은데, 맘 놓고 아이를 맡겨둘 수 있는 곳이었다. 식당 아주머니는 아이 반찬을 따로 챙겨주기도 하고, 낯을 익힌 교육청 직원들이 아이의 밥동무가 되어주기도 했다. "되게 맛있어. 엄마도 꼭 드셔보세요." 어느 하루는 그예 먹어 보러 갔다.

차고 넘친 고마움은 장문의 편지를 쓰게도 하더라. 아이 열세 살 때였다. 우리들의 자료실이자, 쉼터이고 모임터이고 배움터이며, 엄마의 작업실이고, 아이의 보호실이었던 우리 읍내 도서관을 사랑하였나니.

혼자서도 자라고

살림은 널렸다. 아침수행부터 늦은 밤 하루 기록 또는 상담메일까지 끝내고 일어서면 깊은 밤이었다. 같이 살아도 종종 아이가 찾아올 때야 '아, 아이도 있었구나.' 하는 순간이 적지 않았다. 아이가, 들여다봐야 하거나 걸음을 살펴주어야 하는 나이를 지나서는 더했다. 그러자니 한단은 저를 스스로 챙길 수밖에 없었다.

> … 오늘만 해도 보건소에 갈 일 챙겨 전화 넣고 다녀오고 알아서 다 하더라고요. 이만만 커도 제 앞가림하는구나 싶데요, 물론 '자립'이라고 할 때의 의미는 '먹고사는 일을 스스로 해결함'이라는 뜻을 지닌 것이겠습니다만.
>
> 오후에는 또 그랬지요. 감도 좋고 색깔도 좋은 멀쩡한 치마 하나를 옷방에서 정리하다 건졌습니다. 부엌일을 끝내고 잠시 앉아 뜯었네요. 고쳐 입으려고 재봉질 한참 하다 일어섰는데, 창 너머 운동장 한 켠에서 아이가 열심히 움직이고 있었습니다. 공사 끝나고 쌓인 모래 더미를 모래놀이터로 옮기고 있었지요. 저 아이 다 그러지야 못하지만, 일일이 말하지 않아도 저 알아서 할 만한 일 하는 걸 보면 참 이곳에서 살아서, 저런 움직임을 하고 살아서 고맙습니다.

어둑해져서는 부랴부랴 병아리 집으로 몰아줘야 한다며, 족제비라도 나타나면 어쩌냐고 걱정하더니 그예 쫓아가는 것도 그데요. 정말이지 이만한 삶터·공부터가 어딨나 싶답니다. 산골로 오셔요.

7. 14. 물날. 개고 찌고 / 날적이 가운데서

아이가 열네 살이던 봄이었다. 얼마나 걸릴지도 모르는 곳곳 터진 공사에 아이더러 주인 노릇 잘하라 맡겨두고 이틀을 비웠더랬다. 학기마다 주에 두어 차례 읍내를 나가던 아이, 이번 학기 시작하고 지난 불날부터 나가려던 것을 그날도 물꼬 일에 묶어두고 어미는 밖을 돈 것이다.

아이는 제 볼일도 못 보고 기다렸다는데, 아저씨가 오지 않으셨단다. 괜히 1킬로미터 떨어져 있는 가파른 달골만 몇 차례 오르내렸더라나. 아이는 쓰고 있던 공사일지를 돌아온 내게 보여주었다.

8~9일. 달골 창고동 샤워실 바닥을 뜯기 시작했다. 그다음 터진 파이프를 때우는데, 하나를 때우면 다른 곳에서 물이 새고 또 그걸 때우면 다른 곳에서 또 새는 식으로 다섯 군데가 터져있었다. 결국 파이프를 새로 묻기로 했다. 사택 보일러는 완전 망가져 중고로 바꿨는데, 우리는 그 헌 보일러도 5만 원

이나 하는 걸 모르고 치워주는 게 고마워서 그냥 고물상에 넘겼다. 5만 원이면 어머니 아버지한테 받는 내 두 달 용돈인데.
다음날, 드디어 굴착기로 배관 자리를 파기 시작했다. 그런데 아저씨가 실수로 전기선과 통신선을 건드려서 자칫 파손이 심하면 완전히 다시 선을 놔야 할 판이었다. 다행히도 손상이 경미해서 대충 때울 수 있었다. 전문가들도 실수한다는 사실을 깨달았다.

3. 10. 나무날. 맑음 / 열네 살, 한단의 날적이 가운데서

그의 날적이를 보면 공사는 3월 13일로 이어지고 있었다.

… 원래대로 보도블록을 까는데 아저씨가 한쪽은 높게, 한쪽은 낮게 하셨다. 너무 대충 하신 것 아니냐고 따지니, 물이 빠지라고 일부러 그런 거란다. 오후 내내 나도 삽질을 했다. 땅을 곧게 파기도 하고 굴착기가 할 수 없는 자잘한 흙일을 했다. 삽질이 이렇게 힘든 줄 몰랐다. 막노동하는 이들이 그것으로 밥을 버는데, 그 처지가 헤아려진다. (…)
아저씨는 물을 뺄 수 있는 맨홀을 하나 만들어주셨다. 이러면 겨울에 쓰지 않을 때 아예 물을 빼서 파이프가 터지지 않는다고 한다. 처음 이 집을 지을 때 공사한 사람들이 진작 이렇게

맨홀을 만들었다면 터지지 않았을 텐데. 업자들이 내 집같이 조금만 더 신경 써줬으면 좋겠다. 하기야 집은 살면서 고쳐가는 것이라고 한다. 안 살아봤으니 몰랐을 수도 있겠다. 하지만 전문가라면 그런 것도 최대한 짐작하려 애써야 하지 않을까.

3. 13. 해날. 흐려지는 저녁 / 열네 살, 한단의 날적이 가운데서

한단이 열다섯 시작되던 해 3월, 나는 천산산맥을 넘어 40여 일 실크로드를 걷고 있었다. 혼자 남아 살림을 살아낼 만큼 아이가 컸다. 우리가 결국 교육이란 이름으로 아이들에게 주고픈 것 가운데 충분히 합의할 만한 것 하나라면 스스로 설 수 있도록 하는 것, 바로 자립일 것이다. 저를 건사할 수 있다면, 나아가 자기 밥벌이를 할 수 있다면, 저라도 온전히 잘 살아준다면!

고추장 집 안쪽 내 방에는 메주가 걸려 있다. 지난해 12월 김장할 때 만들어 짚으로 엮어 건 것이다. 원래는 밖에 공기가 잘 통하는 곳에 걸어야 하는데 대해리 겨울이 매섭다 보니 얼지 않게 안에 걸어둔 것이다.

겨울에는 메주가 썩는(어머니는 '발효'라시는데, 내가 보기에는 그게 그거 같다.) 냄새 때문에 잠을 못 잤는데, 이제는 한결 부드러운 냄새가 난다.

자, 이제 봄이 왔으니 메주를 부엌 뒤란에 걸어야 한다. 메주를 천장에서 떼는 게 일이다. 짚으로 메주를 매어놓았는데, 그러다 보니 풀 때 사방에 짚 부스러기가 휘날렸다.

'아이고, 내 이불….'

젊은 할아버지께서 밑에서 잡아주시고, 내가 위에서 푼다. 어느새 나도 모르게 젊은 할아버지보다 키가 커졌다. 후…, 벌써 열다섯이다.

아이쿠. 메주 하나가 떨어졌다. 지난겨울에 부실해 보였던 메주다. '귀찮은데 괜찮겠지'라는 마음이 지금에 일을 만들었다. 역시 할 때 제대로 해놔야 일이 덜 생긴다(아, 물론 내 순발력으로 메주를 잘 잡아서 메주가 깨지지는 않았다).

다 달았다. 이달 말에 된장을 담글 거다. 할머니도 도와주러 오신단다.

메주를 항아리에 넣고 물을 넣으면 한참 후, 항아리 안에 국물은 간장이 되고, 메줏덩이는 된장이 된다. 우리 요리에 꼭 들어가는 장들이다. 참 고맙다.

3. 12. 달날. 꽃샘추위 / 열다섯 살, 한단의 날적이 〈메주 내리기〉 가운데서

아이들이 있는 곳, 그곳이 학교다

아이가 만나는 모든 것이 학교고 공부라는 말

은 가르치는 존재로서의 교사, 학교로서의 공간을 동시에 의미한다. 우리가 어떤 사람이든 아이들 앞에 서는 한 교사다. 아이들은 보는 대로 배운다는 의미에서, 또한 가르치는 대로만이 아니라는 의미에서. 아이들은 어떤 공간에 있건 배운다, 무엇이든 습득한다는 의미에서. 그래서 아이들이 있는 곳은 어디나 학교인 것이다. 제도권 학교가 아니어도 아이들을 둘러친 곳에 사람들이 있었고 그들은 모두 아이들에게 교사였다. 내가 모든 이들 이름자 뒤에 '샘(선생님)'이라 호칭하는 까닭이기도 하다.

한단만 해도 어릴 때는 양육자였던 내 동료들이 있었고, 산마을에 와서는 할머니, 할아버지, 지역 사회에서 만나는 어른들이 있었고, 물꼬에 들어오던 샘들이 있었다. 도서관이 있었고, 산마을이 있었고, 신문과 책이 있었다. 나중에는 고교 3년간의 선생님들과 친구들이 더해졌다.

한단이 태어나던 무렵, 일종의 대안가족처럼 동료들이 같은 지붕 아래 살았고, 따로 집을 분리한 뒤에도 3년여간 돌아가며 한단을 돌보았다. 우리 안에 같이 사는 아이라고는 아직 이 아이밖에 없던 때였다. 당시 우리는 천재 하나 키우는 줄 알았다. 아이를 키워보면 모두가 착각하는 그것! 옹알이가 낱말이 되고, 어느 순간 폭발적으로 늘어난 어휘에 집안의 모든 시선은 아이에게 쏠렸다.

한단이 천재는 아니었지만 대신 나와 동료들은 특별한 즐거움을 누린 경험을 공유하고 있다. 양육을 함께 책임져준 사람들 덕에 내 삶이 가능한 시기였기도 하다. 우리는 아이랑 보낸 시간을 날마다 기록했고, 그것이 다음에 돌볼 사람을 위한 안내가 되어 나름 일관성을 유지할 수도 있었다. 아이가 타고난 모습도 있었지만 돌보던 이들의 모습이 아이의 말투와 행동으로 드러나기도 했다. 본 대로 하는 아이들이니까. 동료들은 품성이 좋은 사람들이었고, 공동체가 무너져도 아이들에게는 남는 게 있다는 말처럼 운 좋게 엄마의 모자람이 채워질 기회가 되었던 거다. 그런데도 애 키운 공은 없다고 인사 한 번이 변변찮았구나.

> 물꼬는 많은 사람의 도움으로 굴러간다.
> 물꼬는 배움값을 따로 받지 않으며, 후원회비와 계절학교로 운영된다. 옥샘을 포함한 모든 선생님은 누구도 임금을 받지 않는다. 여름과 겨울 계절학교를 하면 딱 임금만큼이 남는다. 그 임금으로 물꼬가 열 달쯤 굴러가는 것이다. 남은 두 달은 옥샘이 강의를 가시거나 글을 쓰시는 것으로 충당된다.
> 정말 이 물꼬 자체가 기적이다.
> 옥샘이 천산 원정길을 가신 후에도 여러 분이 물꼬를 살펴주셨다. 며칠 전에는 어머니 선배님이시면서 물꼬 초기 구성원인 주

훈이 삼촌이 다녀가셨다. 장도 한 번 봐주시고, 고기도 먹여주셨다. 덕분에 바람도 한 번 쐬고 피로가 좀 풀리는 듯했다.
어제는 택배가 하나 도착했다. 선정샘이 냉동식품을 보내주신 것이다. 동그랑땡, 김말이, 돈가스, 만두…. 해 먹기 힘든 음식들인데 감사하다. 만날 풀만 먹다가 간만에 새로운 반찬이 들어오니 좋다.
늘 많은 분의 손길로 살아간다. 그렇기에 우리가 항상 열심히 살아야 하는 것일 게다.

3. 21. 나무날. 아침에 눈 / 열다섯 살, 한단의 날적이 〈손길〉 가운데서

물꼬를 드나들며 청소년기를 보낸 한 아이가 대학에 합격하자 그의 부모가 떡을 들려 보내왔다. 물꼬가 한 게 뭐 있다고, 공부는 그가 하고, 고생은 바라지한 그의 엄마가 했는데…. 그 아이의 품성을 기른 건 바로 그런, 떡을 들려 보내는 부모였을 게다.

저녁에 그가 읍내를 나갔다 들어오는 한단 마중을 나갔다. 대해리까지 들어오는 버스는 끊겼으니 마을 계곡 들머리까지 2킬로미터를 걸어야 했다. 겨울 저녁 가로등도 없는 시골길을, 북쪽으로 난 골짜기의 맞바람을 받으며 굳이 데리러 나가겠다고 했다.

우리 환경을 둘러쳤던 이런 돌봄 속에 아이는 아이대로 제 삶의 무게를 지고 자라고 있었고, 돌봄은 다시 그 아이를 통해 누군가

를 돌보는 것으로 확장되었다.

요즘은 보람과 행복을 찾기가 쉽지 않다. 대부분의 일이 힘들고, 재미가 없고, 하기가 싫어진다. 가끔씩은 짜증이 나고, 펑펑 울기도 한다. 마음이 힘든 만큼 차츰차츰 지날수록 궁금한 것들이 쌓여간다. 이러다가 곧 죽을 텐데 인생이 뭘까. 나는 무엇으로 사는 걸까. 나는 왜 사는 걸까. 알 것 같다가도 모르겠다. 아니, 정확하게는 머리가 알아도 마음이 모르는 것 같다.

돈독한 인간관계, 애정을 쏟고 보람을 느끼는 자기 일, 가치 있고 의미 있는 일이 있을 때 사람은 행복하다고 했다. 물론 이 세 가지만이 아니라, 소소한 일들－빨래를 하는 것, 씨앗을 심는 것, 수학 문제를 푸는 것－하나하나에 모두 소소한 행복이 있는 것일 게다.

그런 행복했던 일들, 행복했던 기억이 모여 내가 살아가는 걸까. 행복한 기억을 살펴보자. 난 자전거를 타고, 노래를 듣고, 잠을 잘 때 행복하다. 생각해보면 행복하지 않은 순간은 없다. 그렇다면 이렇게 행복하면 될 텐데 왜 자꾸 불행이 올까. 뭐가 뭔지 모르겠다. 계속 쳇바퀴를 돌고 있다.

오늘은 동네에 눈먼 할머니 댁에 가서 밭을 갈아드렸다. 할머

니가 하시려면 한 시간은 걸릴 일을 해놓고 오니 행복하다. 또 하나의 소소한 행복. 그렇게 또 하루를 살아간다.

3. 29. 나무날. 상쾌한 바람, 저녁에 비 /
열다섯 살, 한단의 날적이 <나는 무엇으로 사는가> 가운데서

◎•◎•◎

며칠 동안의 나들이 준비로 걸음이 잰 엄마한테 아이가 내민 건 손으로 그린 도표였다. 일고여덟 살 때였지, 아마. 자기가 싸고 갈 짐 목록을 번호까지 매겨 적고, 준비된 것과 챙길 것과 아직 못 챙긴 것까지 표기해두었다. 엄마의 재가를 받은 뒤 자기 짐을 마저 싸겠다며, 엄마 짐이나 빠트리지 말고 싸라고 했다.
저건 또 어디서 본 걸까? 재바르지 못한데다 일까지 많은 엄마는 늘 손바닥만 한 종이를 들고 다니며 할 일을 체크해야 했다. 그런데 몹시도 바쁘던 그날은 미처 메모를 못 하고 길 떠날 채비를 하던 나였다. 일 차례를 못 잡고 허둥댈 때 엄마에게도 필요한 것이 바로 그 체크 항목이었다.
마침내 아이에게서 다시 배우나니! 아이는 그렇게 영글어가고 있었다.

아이와
어깨를 겯고 가는 길

지난해 7월 6일 도쿄구치소에서 한 수감자의 사형이 집행되었다. 사형수가 된 지 23년 만이었다. 비틀스가 인도로 갔던 1960년대 말 대학을 중퇴한 후지와라 신야(《인도방랑》의 저자)도 그곳에 있었다. 그리고 한 사람이 더 있었으니, 아사하라 쇼코. 그는 미나마타병으로 시력을 잃고 국가에서도, 지역민들에게서도 버림받은 후 인도수행을 거쳐 옴진리교에 이른다. 고베 지진으로 1995년을 우울하게 연 일본을 큰 충격에 빠뜨린 건 벚꽃이 피기 시작하는 도쿄의 지하철 사린가스 테러, 그들의 교주가 쇼코였다.
인도에서 그들을 기다린 것은 무엇이었을까? 지구보다 무겁던 인간 존재도 갠지스강 화장터의 들개에게는 한낱 목숨에 불과했다. 결국 '내 육안으로 확실히 볼 수 있는 눈앞의 사실과 존재의 모든 것이 내가 원한 전부였다(후지와라 신야, 《황천의 개》 가운데서).' 그리하여 결론은 삶이었다, 죽을 때까지 살 그 일상이었다.

1960~70년대 서구 청년들이 그들을 따라나섰던 것처럼 우리 세대도 젊은 날 명상 바이러스에 감염되었다. 인도는 우리의 실존을 말해줄 것 같았다. 하지만 돌아온 이들이 들고 온 것은 인도로 간 거장들이 내놓은 답을 제 것인 양 푼 보따리가 전부였다.

자아를 찾기 위한 여행, 인도가 아니라도 여행은 그렇게 우리를 잡아끈다. 천지를 훌훌 다녀도 마음에 감옥을 짓고 사는 이가 있는 반면, 0.75평 감옥 안일지라도 우주를 유영하는 이도 있건만 여행만이 답이라는 그 옹색함이라니! 여행을 과도하게 부추기거나 미화하는 게, 방학에 유럽여행 한 번은 가줘야 한다는 젊은 층의 유행이, 나는 썩 편치 않았다. 생에 뭐 별게 있더냐 하고 제게 맞는 소소한 행복을 찾아 떠나는 청년들이 신통했으나 이 나라는 어째서 그럴 때조차 동일한 모습인가.

엄마 아빠가 안식년으로 한 해 동안 바르셀로나에 머무르게 되자, 홀로 한국에서 지내던 스무 살 아이는 방학에 유럽을 오기로 계획을 세웠다. 오는 걸음에 인근 몇 나라도 여행할까 하는 그에게 젊은이들의 유럽여행이 허영은 아니냐고, 우리 형편에 그건 사치 아닌가 한마디 하고 말았다. 떠나지 않아도 일상에서 진리를 얻을 수 있다는 말이야 새삼스러울 것도 없는 내 생각일 텐데,

문제는 그것을 되도 않는 여행 말라는 식으로 표현한 데 있었다. 폭력이었다. 그런데 아이는 그 날카로운 말에 방패를 들거나 더 강한 창을 들기는커녕 여행의 의미에 대해서도 다시 생각해보고, 경비도 제 알아서 하겠노라고 매듭을 지었다.
그때 남편이 날 불렀다.

◎•◎•◎

어른의 마음을 살펴보는 시간이 필요하다

한 초등학교에 지원수업을 갔다. 오전 수업이 끝나고 아이들과 낮밥을 먹으려 급식소 앞에 줄을 섰다. 방금 내 수업을 듣고 나온 여자아이 둘이 바로 앞에서 나를 돌아보며 새처럼 재잘거렸다.

"너들은 누구 닮아 그리 예쁘다니?"

줄은 너디게 줄었고, 그런 만큼 이야기가 길어졌다.

"얘 오빠가 정말 잘생겼어요!"

그 오빠, 중학교 1학년이 되었단다.

"네가 ○○ 동생이었구나."

그러고 보니 닮았다. 그 오빠를 안다. 준수한 얼굴과 점잖음으로 여러 여학생을 설레게 한 아이였다. 그들 남매는 엄마와 함께 엄마 친정곳이에 와서 살고 있다. 그들의 외가는 시골에서 퍽 넉넉한 살림이다. 아버지가 집을 나간 뒤 엄마는 우울증에 시달렸는데 스스로 목숨을 버리려 하기도 여러 차례, 초등학교 3학년이던 어린 오빠는 자는 사이에 엄마가 또 죽으려 들까 하여 잠을 자지 못했다.

우리들이 잘 살지 못하면 우리 아이들을 그리 만든다며 한 강의에서 그 이야기를 들려주자, 부모 여럿이 눈이 붉어졌다.

"그래요, 우리가 무슨 짓을 하고 있는 건지…."

어떤 식으로든 어른들 영향권에서 아이들이 자라므로 우리 삶이 중요한 거다.

"그러니 괜히 엉뚱한 애들 잡지 말고 오늘은 우리 삶이나 좀 짚어보지요."

우리가 상처로 얼룩졌거나 부끄러웠던 지난날들 이야기로 눈물 펑펑 쏟는 가운데 두 시간이 훌러덩 지났다. 아이들이 아니라 우리 어른들의 삶, 어른들의 마음을 살펴보는 시간이 있어야 한다!

마을을 나갈 때는 차를 끌고 가 기차역에 두었지만 길이 수월한 건 아니었다. 그날은 대중교통을 이용하기에 짐이 많았다. 종이컵을 쓸 수도 있었지만 정성스럽게 한 준비에 그건 좀 격 없는 일이었다. 다행히 20여 명밖에 안 되는 소규모 강연이라 다기까지 챙겨갈 엄두를 낼 수 있었다.

협동조합 형태의 마을공동체운동이 곳곳에서 커졌고, 교육은 늘 현재형의 고민거리라 강사로 불려가기 여러 차례였다. 공동체운동을 먼저 한 선배로서도 실패자로서도 할 말이 많았으니까. 그날은 서울 송파로 향하는데, 한 아이의 위탁교육을 막 끝내고 보낸 뒤라 마음에 아린 것들이 번거롭더라도 그런 준비를 하게 했다.

물꼬는 서울과 서산과 광주의 시설아동들과 20년 넘게 만나왔다. 한 곳은 정서행동장애아들을 위해 특화된 보육시설로 오랫동안 그 아이들의 치료와 치유를 도왔다.

이번에 다녀간 열여섯 살 아이는 벌써 몇 해째 만나왔다. 학교에서 감당이 안 돼 여러 학교를 전전하던 그는 그나마 물꼬를 다녀가면 좀 나아져서 오는 길에 보름, 혹은 달포를 지내다 가곤 했다. 아이들이 올 땐 그들에 대한 기록도 함께 온다. 아내가 있는 남자를 만나 미혼모로 그 아이를 낳은 엄마는 일을 나가며 이웃집에 아이를 맡긴 뒤 발길이 뜸해지더니 아예 나타나질 않았다 한다.

아이는 늘 배가 고팠다. 묶여 있기도 했다. 학교는 언감생심이었다. 냉장고를 열어 빵을 꺼내 먹었다고 손버릇 고친다며 뜨거운 물이 끼얹히던 날, 아이는 창문으로 뛰어내렸다. 경찰에 발견되고 시설로 간 게 열두 살이었다. 세 번째 수술까지 했지만 화상 입은 손은 아직도 오리발 형태다.

이듬해 초등학교에 들어가면서 나이 편차를 그나마 줄이느라 아이는 한 학년 아래 5학년 교실로 합류했다. 6학년을 지나 중학교를 갔다. 알아들을 수 없으니 공부가 재미없고, 재미가 없으니 못하고, 악순환이었다. 잘 가르쳐주면 안 되느냐고 아이가 호소도 했다는데 학교에서 해결이 되지 않았다. 학교로서는 그렇게 못하는 사정이 있었겠지만 저간의 사정을 아이 말만으로 들을 것도 아니고….

머리가 좋은 아이였다. 학교에 보내지지 못했을 때도 혼자 어깨너머로 글도 깨치고 셈도 하였다고 하니, 붙잡고 학습을 좀 도왔으면 싶은 마음이 굴뚝같았다.

강연을 시작하기 전 차를 달여 냈다. 산마을의 가을이 담긴 감잎까지 다식 접시로 챙겨 갔다. 차를 마신 뒤 그 아이 이야기부터 꺼냈다.

"도대체 우리가 무슨 짓을 하고 있는 겁니까!"

제 엄마가 지킬 수 없었다면 아이를 둘러싼 마을 혹은 사회 아니면 국가가 엄마가 되었어야 했다. 아울러 우리 어른들이 제대로 살아내는 게 왜 중요한지, 내가 극복하지 못한 정서적인 문제가 아이에게 대물림되지는 않는지, 예전보다 더 좋은 환경에서 키우는데도 얼마나 아이들을 닦달하고 몰아붙이고 있는지 따위를 반성했다.(안타깝게도 우리는 남의 불운이나 불행을 딛고 우리 삶을 밀고 가기도 한다. 송구하다.)

아이들을 그렇게 대하는 우리의 근원에는 자신의 삶에서 걸린 문제들이 있었다. 내가 무엇을 만나고 어떻게 반응하는가가 고스란히 내 모습이다. 자식 키우는 일도 결국 자신의 그릇에 닿는다. 아이들을 위해서라는 말도 자기 삶의 문제로 귀착된다. 결국 우리 자신이 아파서 그날 눈시울이 붉어지거나 그예 울고 말았던 것이다.

거기에는 또 우리대로 사느라고 벅차온 시간들에 대한 회상이 있었다. 우리 어른들도 위로가 필요했다. 차를 달여 공양한 것은 그런 의미였다.

아이에게 생채기 냈을지도 모를 시간이더라도 옛일은 이미 흘러갔다. 하지만 남은 시간은 어찌할 수 있지 않겠느냐고 우리는 서로를 어루만졌고, 그날 그곳은 우리 마음부터 잘 가꾸고 잘 다듬고 잘 부려 아이들을 만나자는 결사의 자리가 되었다.

나는 해바라기를 혼내지 않아요

두어 해 전, 날마다 조금씩 읽어주었던 장편을 오늘 아이가 펼쳐 들고 있었습니다. 핵전쟁을 치른 인류의 얘기였지요.

"엄마, '웃을 수 있다'는 건 참 행복한 일이야."

"무슨 말이야?"

웃는다는 건 지금 좋다는 뜻이랍니다.

웃을 수 있다는 것, 배가 부르고 좋다는 것, 따뜻하다는 것,

이런 문장들이 행복을 일컫는 것과 동일하다는 거였습니다.
“계속 사람들이 죽으면 웃을 수 있겠어?”
그렇겠습니다. 아이를 통해 배우고, 아이를 통해 걸음을 멈추고 사유하는 일이 많아졌습니다.
(…)
아이랑 멀리 다녀오는 길은 당연히 차에서 보내는 시간이 길죠. 주로 음악을 듣습니다. 아이랑 이야기를 가장 많이 나누는 공간이 되기도 하고요.
“나는 음악이 참 좋아. 이 음악 감미롭지 않아?”
감미롭다는 말을 아이는 정말 아는 걸까요?
음악의 긍정성이야 두말하면 잔소리이지요. 아이는 연주되는 곡들을 통해 브라질의 열대우림을 연상하기도 하고, 오스트레일리아의 중앙사막을 떠올리기도 하며, 스웨덴의 뒷골목을 더듬거리기도 하였습니다.
“엄마, 이 음악, 서부를 횡단하는 것 같지 않아? 우리 서부여행 갔을 때, 길 양쪽으로 끝없는 벌판이 끝없이 나타나고….”
음악 공부가 따로 없습니다요.

10. 23. 나무날. 짙은 안개 / 날적이 가운데서

아이가 내게 크게 꾸지람을 들은 언제인가였다. 대부분 그럴 때

다행스러운 건, 저나 나나 금세 감정을 잘 회복한다는 것이다. 그게 부모와 아이라는 질긴 인연 덕 아니겠는지.

그런데 그날은 꽤 시간이 흐른 저녁때야 아이가 다가와 슬며시 입을 열었다.

“음… 엄마, 잘못했을 때 야단치는 건 그리 좋은 방법인 것 같지 않아요. 어른들이 아이 행동을 고치려고 그러는 건데, 야단을 맞는다고 고쳐지는 게 아니거든. 걔도 고치려고 하는데 잘 안 되는 거거든요. 봐요, 해바라기한테 무슨 일이 생기면….”

몇 해째 씨를 받아내며 키우는 제 해바라기 이야기였다. 왜 잘 자라지 않느냐, 왜 잎이 시드냐, 자기는 혼내지 않는다 했다. 문제가 무엇일까 이리저리 살피고 흙을 돋우고 물을 주고 해바라기 근처에 오줌을 누기도 한다 했다.

아, 틱낫한 스님의 상추 이야기가 딴 게 아니었다. 우리는 상추가 잘 자라지 않을 때 “나쁜 상추야! 너는 노력만 하면 더 잘 자랄 수 있어.” 하고 비난하지 않는다. 토양, 영양분, 상추에 영양을 공급하는 배경을 조사하고 무엇이 모자라는가, 아니면 해를 끼치는 것이 무엇인가 살피고 조절한다.

이후 아이에게 꾸지람할 일이 생기면 더 주춤하게 되었다. 열두 세 살이면 잔소리도 그만해야지, 하고 마음의 준비를 해왔는데 때에 다다른 것이다. 그렇다고 다 접어졌느냐, 또 그건 아니지만 애쓰게는 되었다.

아이 키우는 일은 어째도 익어지지 않는 일이었다. 그나마 한 영혼의 성장사에 함께하는, 광활한 우주의 사업에 동참하는 것 같은 충만감마저 없었다면 어떻게 그날을 건너왔을까. 젊은 날로 가고 싶지는 않지만, 아이를 키우던 때는 그립다. 인간의 수명 70에 3천 번 울고 54만 번 웃는다는데, 그렇다면 180번 웃은 뒤에야 한 번 운다는 건데, 거꾸로 된 수치가 아닐까 의심하던 젊은 날이었다. 하지만 자라는 아이를 보며 그 평균이 사실일 수 있겠다고 생각했다. 낡은 표현이지만, 얼마나 깊은 배움의 날들이던지. 내가 이만큼이라도 사람 노릇하는 것은 아이들 덕이었다.

본 대로 들은 대로 하는 아이들

오늘 시상식에 참석하라는 연락을 받았습니다. 표창장을 준다네요.

때 : 2010. 7. 21. 물날. 낮 3시

곳 : 자유학교 물꼬 교무실

하하, 아들이 보낸 안내장입니다. 용돈을 제때 잘 주고 약속
잘 지켜준 엄마라서 상을 수여하게 되었다네요.
사는 게 별거 있겠는지요, 즐거웠습니다, 오늘도!

7. 21. 물날. 무더위 / 날적이 가운데서

아이 열세 살이었다. 상 받기 위해서가 아니라 부모 노릇의 결과가 자식에게 상 받는 일이면 참말 좋겠다.

무얼 그리 많은 걱정을 하고 사나. 티베트 선인들이 그랬다지, 해결할 문제라면 걱정이 없고 해결 못 할 문제라면 또한 걱정이 없다고! 해결할 문제라면 해결할 것이니 걱정이 없고, 그렇지 않은 문제라면 어차피 해결 못 할 걸 왜 싸안고 있느냔 말이지.

교육만 해도 그렇다. 태교는 엄마의 사람됨, 결국 엄마 사는 대로 가르쳐지는 거다. 교육은 부모의 됨됨이, 결국 부모 사는 대로 아이들이 보고 자라는 거다. 뭘 그리 가르치려 드는지….

'잘 지나갈 거요. 아이를 믿는 게 중요! 그 아이가 길을 알려줄 것임. 그저 따라가 보면 됨.'

언젠가 고민 많은 한 엄마에게 보낸 문자 가운데 일부다. 사람은 잊기 쉬운 존재라, 나도 어느새 잊고 살아간다. 우리가 가르치는

대로 된다면야 세상이 왜 이 모양일까. 본 대로 들은 대로 하는 그들이니 염려라는 이름으로 애먼 애들 고만 잡고 저나 온전히 살 일이다.

"너나 잘하세요!"

부모는 겁이 많다

그리고 내 이야기. 잘 들여다보면 내가 아이에게 걸리는 지점은 내가 내 삶에서 걸리는 그 지점. 내가 수십 년을 살면서 들여다보고 공부하고 애썼는데도 해결이 안 되는 문제인데 불과 얼마 살지도 않은, 나를 닮을 수밖에 없는 아이를 향해 못마땅해 한다. 우리는 얼마나 온전한가, 내 모습은 어떠냐 말이다.

저만큼만 해도 장하지, 저게 빙그레 웃기만 해도 온 세상이 다 내 것이었다. 어째 그걸 다 잊고 그리 바라는 게 많아졌을까. 저 혼자 일어나고 걷고, 숟가락질을 하고, 세상에! 나 없이 버젓이 세상으로 걸어 나가고 남들처럼 학교에 가고…. 나쁜 짓만 안 해도 크게 탈만 안 나도 다행한걸.

심지어는 내 삶의 도움꾼이기까지 하잖아. '아이고, 팔다리야.' 하는 고단한 날에 잠깐 다리라도 좀 주물러주면 좋겠는데 할 때 안마해준 것도 그였고, 김치를 담그다가 고무장갑을 벗기는 번거롭고 잠깐 누가 내려오는 소맷자락을 올려주면 좋겠는데 할 때 그 옷을 잡아준 것도 역시 아이였다.

기차는 참 좋은 여행길이 됩니다. 그런데 전화기를 지니지 않은 걸 역에서야 알았네요. 그걸로 서울서 있을 사흘 동안 계절자유학교 일을 해야 하는데 말이지요.

"그러면 무슨 일 생겨?"

아이가 그랬습니다. 일 때문에 있어야 한다는 걸 몰라서 하는 이야기가 아니라, 하지만 어쩔 거냐, 괜찮다, 어찌 다 된다, 그런 말을 하는 거지요. 그러게요, 무슨 일이 생긴단 말인가요.

"엄마, 만약에 물꼬에 무슨 일이 생겨 돈을 빌리게 되면 남의 돈 빌리지 말고 내 돈 빌려."

참내, 저 통장에 얼마나 들었다고…. 우리 살림을 어찌 살아 늘 아이도 걱정케 했나.

저녁밥은 기차에서 먹어야 했지요. 아이가 사주었습니다. 좀 비쌌지요.

"싹싹 긁어 먹자."

도시락을 먹으며 아이가 또 덧붙입니다.

"젓갈도 먹어. 잘 먹어야지."

제가 아이한테가 아니라 아이가 제게 말이지요.

7. 18. 해날. 갬 / 날적이 가운데서

고마운 걸 잊지 않으면 크게 나빠질 게 없는 사람 관계인데, 아이한텐들 아니 그럴까.

◎•◎•◎

한단이 여행경비를 좀 보태주실 의향이 없느냐 엄마를 슬쩍 떠봤을 때, 노는 일에 무슨 그런 걸 다 바라느냐 핀잔 놓은 것도 모자라 아유까지 했다. 내 말이 아이의 삶을 혹은 존재를 전면적으로 부인하는 것은 아니라면서도 사실은 그의 문제 하나를 거론하며 그 사람 전체를 부정하기 일쑤다.
그때 남편이 말했다.
"여보, 당신 여행 갈 때…."
이런! 잊고 있었다. 수능 끝나자마자 과외해서 엄마 네팔 트레킹을 보내준 것도 한단이었다. 수능을 끝내고 과외를 시작해서도 산골살림을 도와주러 달려오고, 물꼬가 어려울 때 모았던 돈을 쾌척하고, 엄마가 살까 망설이는 것도 사주던 아이였다. 나이 열두 살이면 집안을 건사할 수 있어야지 하는 엄마를 만나, 꿈꾸는 엄마 돕느라 일찍이 산골에서 아이가 한 고생들을 다 잊어버리고는….
의대 본과에 들어가서는 아무래도 공부양이 만만찮겠다고 예과 때 오는 걸음에 다른 나라를 돌고 싶다는 걸, 오히려 권해도 모자랄 판에…. 대학 가서도 그간 받은 장학금으로 제 살림을 꾸리고 있었는데, 여비를 보태줄 수도 있었으련만…. 제 주머니의 돈도 아니면서 쓸 생각했다고 사치스러운 마음이 아닐까 앞서서 겁을 먹고, 그 한 번이 무슨 실족이기라도 한 양, 그것도 아직 떠나지도 않은 걸음을 말이다.

부모는 겁이 많다. 조금이라도 자식 잘못될까 봐 걱정이라지만 그것이 자기 삶의 허울일 때가 적잖다. 또 나는 '가치'에 너무 많은 걸 거는 옛 정서를 가진 사람이기도 했다. 요새 의대는 상위계층들이 모여 그 씀씀이가 예사롭지 않다고 들었던 터라, 노는 동네가 그러하니 제 주제도 모르고 덩달아 그러리라 지레짐작했다. 나야말로 허투루 사는 때가 얼마나 많을 것인데….

아이들은 우리가 아는 것보다 더 강하고, 더 담대하고, 더 지혜롭고, 더 인내한다. 키워보면 모르려야 모를 수가 없는 걸 다 잊고, 나보다 더 옹골차게 살아준 그를 잠깐 못 믿고서…. 사실 아이를 키워보면 그리 놀랄 일이 없다. 놀랄 일은 정작 어른들이 주로 만든다. 더하여 걱정이 걱정을 낳기까지 한다.

나나 되도 않는 여행 말 일이었다!

3장 — 가치를 찾는 삶

배우며 살아가는 데 중요한 것

읽기가 닿는 곳

두멧구석에도 우편물과 함께 신문이 들어온다. 주말판은 산골에서 월요판, 여러 날 지난 신문을 받을 때도 있다.
산골 어른들처럼 내게도 신문의 기능이란 소식지라기보다 불쏘시개, 덮개, 습기제거제, 포장지에 더 가까웠다. 의도적인 '언론 끊기'도 일정 정도 있었다. 시끄러운 세상이 내 속으로 실시간으로 들어와 함께 들끓고 싶지 않아서 마음을 일렁이게 하는 싹을 차라리 없애는 비겁함을 택한 바였다. 그것은 어느 해 대선의 결과가 가져온 절망에서 한층 강화되었다.

아이는 날마다 신문을 읽었다. 학교 안 가면 시간이 많으니까. 그것을 어른들한테 조잘거렸다. 텔레비전도 없고 인터넷도 거의 쓰지 않으니 산골을 벗어난 세상 이야기가 마냥 재미나기도 할 테다. 읽으면 또 꼬리를 물고 다음 이야기와 연결되는 게 있을 터이니 무슨 연재소설 읽듯이 신문을 읽어나가는 거다. 우리 어른들은 듣도 보도 못한 경제용어를 그로부터 듣고는 했다.
세상은 아이에게로 수렴되고, 아이는 마이크를 잡고 "에, 마을 주민 여러분…" 하고 방송을 한 셈이었다. 모르긴 해도 그가 보는 신문의 논조가 아이에게 상당히 영향을 끼쳤을 테지. 물리적 거리, 의도적 거리에 따라 세상과 먼 이 산골은 아이를 통해 그렇게 바깥으로 불려나가곤 했더랬다.
이 친구 열다섯 살의 2012년 대선은 당시의 두 유력 후보에 대한 객관적 수치를 내미는 아이 때문에 이 산마을에 모이는 사람들이 더 치열하게 대리전을 했으니….

◉•◉•◉

책에서 걸어 나온 것은

대입제도 개편 논의가 한창 새살스러운 때라면 틀림없이 정권이 바뀌었다는 뜻이다. 시험제도 백날 바꾸어봐야 그리 달라지지 않는 줄 다 알면서도 그게 가장 가시적이니까. 아무리 그래봐야 사회적 가치가 바뀌지 않는 철벽인걸.

공부할 아이 공부하게 하고, 다른 걸 잘할 아이에겐 그걸 하는 길을 제도적으로 만들면 딱 좋겠는데, 문제는 공부하는 데만 가치를 두는 세상이라. 공부로 계층이 나뉘고 극심한 임금 격차가 생기니까.

한국 학생들의 진로의 종착지는 아사이거나 과로사이거나 치킨

집이라는데, 적어도 대입에서는 그렇지 않다는 말간 얼굴로 수능이 서 있는지라 수능이 끝나면 그렇게 말이 많은 거다. 세상이 아무리 달라졌다 해도 이 나라 교육에서 대입이 절대적임을 반영하는 것이기도 하다. 그 조짐은 어디서 주관하는 시험이든 상관없이 모의고사에서 이미 준비하고 있었다.

"국어가 미쳤어, 미쳤어!"

2016학년도 6월 모의고사를 보고 나온 아이들이 쏟아낸 말이었다. 낯설고 길어진 지문이 아이들을 쥐나게 했던 것. 지문을 채 못 읽었으니 문제 또한 다 풀지 못했다.

6월과 9월 모의고사는 수능 출제 기관인 교육과정평가원에서 시행하므로 그해 수능의 출제 경향과 난이도를 가늠하게 해서 더 크게 주목받는다.

2017학년도 수능 국어 영역은 기존 수준별 A, B형이 폐지되고 이를 통합해 치렀다. 그러니까 문과와 이과가 같은 시험지를 본 것. 수학이 이과 아이들에게 그러하듯 국어는 아무래도 문과 아이들에게 유리하다.

한단은 이과였다. 그런데 국어에서만큼은 용하게 1등급을 벗어나지 않았다 했다. '않았다'가 아니라 '않았다 했다'라고 나는 말한다. 부모 확인 도장을 받아 가야 하는 성적표에 번번이 사인을 한 건 그 친구였다. 그런 것까지 챙길 만큼 아이 학교의 기숙사가 가깝지도 않았고, 내 성적이 아니라 그의 성적이므로 그가 알아서 할 일이었다.

아이는 읽는 속도가 빨랐다. 많이 읽어서 그렇단다. 학교를 가지 않는 동안 하는 공부가 있는 것도 아니고, 지치도록 놀아도, 놀아도 시간이 많았다. 학교 다니는 아이들의 그 많은 시간을 생각해보면 짐작할 수 있겠다. 훗날 아이는 자신의 공간에 다른 매체(텔레비전이라든지)가 적었던 게 책에 가까워진 가장 큰 이유였나 싶다고도 했다.

읽으니 재미가 있고, 재미가 있으니 또 읽었다. 만화도 한몫 단단히 했더란다. 아이는 대체로 '그냥' 읽었고 쌓이니 더미를 이루게도 되고 어떤 결들로 만들어졌다. 역사와 정치 · 사회 · 경제, 자기 관심 분야가 생겨난 거다. 옹색한 변명 같지만, 엄마가 관여하지 않아 더 많이 읽고 잘 읽고 좋은 방향을 찾아냈는지도 모른다.

한단은 고등학교를 가서 어떤 과목보다 영어에서 고전했지만, 대신 지문에 대한 이해가 빠른 덕에 만회가 되었다고 자신을 진단했다. 지문을 읽기 시작하며 무슨 이야기겠네 하고 나면 그것에 대한 기본 정보들이 자신이 읽었던 책들에서 걸어 나오더란다. 그나마 그거라도 있으니 훑어 읽고 쫓기지 않고 문제를 풀었다는 거다. 책 읽기의 힘이라 할 만하겠다.

읽기의 경험이 쌓이면

또래 아이를 키우는 댁에 간 적이 있다. 한단과 같은 나이의 아들, 그 아래 동생 역시 아들, 세 머슴애가 하룻밤을 뒹굴었다. 한단의 나이 열한 살이었다. 산골 촌놈에게 도시 구경시켜 주던 길, 앞에서 걷는 아이들의 화제는 영화 〈나니아 연대기〉로 넘어가고 있었다. 그때 한단이 말했다.

"난 책이 더 재밌더라."

"왜?"

'영화는 장면을 다 보여줘서 내가 상상하는 게 한 장면으로 결정되어 보이지만, 책은 엄청난 상상을 만들어내기 때문'이라 했다. '어, 이 친구 봐라. 행간의 의미에 대해서까지 이야기하네!' 싶었다. 책은 영화가 주는 영상은 도저히 따라올 수도 없는 그런 세계를 선사하는 거다! 책을 읽으니 그런 재미도 알았던 거다.

곁에서 보기에 어린 날, 이 아이 독서의 정점은 시오노 나나미의 《로마인 이야기》였다. 권마다 대략 500페이지, 총 열다섯 권에 이르니 방대하다. 선뜻 엄두가 나지 않아 나 역시 쉬 잡지 못한 책이고, 지금까지도 읽지 못했다. 열두 살 때 그는 이것을 읽고, 요약하고, 사람들에게 설명했다. 읽기도, 줄거리를 잡아가기도 만만찮았을 것을, 그럴 수 있는 배경에는 읽기 경험이 쌓였기 때문이었다고 짐작한다.

지역에서 어른들이 하는 작은 평화모임이 있었는데, 구성원들이 돌아가며 어떤 주제를 공부해 와서 나누는 방식으로 진행되었다. 학교를 안 다닐 때니까 아이는 곧잘 따라나서곤 했는데, 언젠가 어른들이 한단에게 "너도 한번 해 봐라." 하였다.

> 원래는 오늘 1권부터 15권까지 모두 이야기하고 싶었지만, 시간이 모자라고, 또 이야기를 하다 보니 예상외로 시간이 많아져서 3권 《승자의 혼미》까지밖에 못했다.
> 로마의 탄생, 피로스와의 전쟁, 한니발과의 사투, 술가와 마리우스의 내란기, 그리고 로마의 융성 원인인 패자와 동화하는 정책 등을 설명해 드리자 아주 재밌게 들어주시고 질문도 가끔 해주셨다.
> 어쨌든 3권까지밖에 발제하지 못해서 어른들이 "한 번 더 해 봐!"라고 말씀해주셨다.
> 이번에 배운 게 있다면, 프레젠테이션은 예상 시간보다 훨씬 길게 잡아야 한다는 것과 요약을 잘해야 한단 것이다. 내가 애고, 발표도 잘 못하는데 하게 해주신 것과 끝까지 들어주신 게 난 너무 고맙고 감사하다. 다음 달에도 잘해 봐야겠다.
>
> 6. 29. 불날. 더움 / 열세 살, 한단의 날적이 《로마인 이야기》 프레젠테이션 가운데서

"… 로마 정말 대단했구나. 그런데 정치가 시간에 따라 진보하는 게 아니네."

한 어르신이 그랬고, 어떤 분은 이 과정을 '녹화 뜨고 싶다'고도 했다. 모인 이들이 배움의 즐거움을 누린 시간이었다.

"… 읽으면 읽을수록 재밌어요. 로마는 피가 심장에 몰려있는 게 아니라, 피가 순환했어요. (…) 군대를 아는 정치가와 정치를 아는 군인을 낳을 수 있었죠. (…) 오늘날의 제국주의와 다른 패자 동화 방식, 로마 멸망 직전까지도 로마 민족들은 자기 지역인이 아니라, 로마인으로 생각했어요. 정말 성공한 동화 정책이었죠."

한단이 이쯤 갈무리했을 때, 사람들이 다음에 마저 해달라고 요청했다. 북돋아주려는 어른들의 애정이었을 것이다.

그해 12월, 아이는 다시 같은 책을 들여다보고 있었다. 인터넷 뉴스 매체에 서평을 쓴다 했다. 세 권씩 나누어 다섯 편에 이르는 글을 쓸 계획이었다.

'이 이야기는 기술력에서는 에트루리아인에게 뒤떨어지고, 체력에서는 켈트족과 게르만인보다 약하고, 해운력에서는 그리스인만 못하고, 경제력에서는 유대인보다 가난하며, 문화력에서는 오리엔트인에 비해 미개하고, 경작력에서는 카르타고인에게

> 뒤떨어지는 평범한, 아니 더 뒤떨어지는 사람들의 이야기이다. 로마, 자그마치 1,500년 동안 지중해를 내해라 부르던 제국. 이 제국에 대하여 시오노 나나미의 《로마인 이야기》를 빌려 설명하고자 한다. … 〈기자 주〉'

'로마는 어떻게 천년이나 살았을까(1)
[서평] 시오노 나나미의 《로마인 이야기》를 읽고' /
〈오마이뉴스〉 2010.12.6. 가운데서

두어 차례 퇴짜도 맞고 머리 싸매고 글을 고쳐보고 또 고쳐보더니 그예 통과하고 만세를 불렀다. "글을 쓰는 게 참 재밌다!"

같은 책도 언제 읽느냐에 따라 얼마든지 또 다르다. 읽을 때마다 현재의 자기 삶과 생각이 반영되거나 반응할 수밖에 없으니. 어릴 때 읽었던 《보물섬》을 열네 살 자투리 시간에 읽고 그는 이리 써놓기도 했다.

> … 하나는, 아무리 돈이 많고 부유해도 그것으로 자기 목숨을 살릴 수는 없다. 실제로 보물을 묻은 빌리 본즈는 그 돈으로 자기 목숨을 구할 수 없었다.
> 둘, 용서하는 법이다. 사람들은 해적들이 자기들을 죽이려고 했는데도 돈까지 주어서 다시 고향으로 돌려보낸다.

셋, 활기찬 모험이다. 처음에 짐의 편이 해적과의 싸움에서 불리했는데 결국 짐의 모험과 활약으로 배도 되찾고, 보물도 찾는다.

4. 25. 달날. 바람 바람 / 열네 살, 한단의 날적이 가운데서

장 지글러의 《왜 세계의 절반은 굶주리는가?》는 밤에 읽을 책을 고르다가 내가 읽으려고 샀으나 저가 먼저 꺼내 읽고 격월간지 하나에 서평을 실었다. 한단이 열두 살이었다. 이 책은 그가 자소서(자기소개서)를 쓰며 인쇄를 해온 생활기록부에 고3 때 읽은 책 목록으로도 들어있었다. 다른 생각을 또 길러냈을 것이다.

헬레나 노르베리 호지의 《오래된 미래》처럼 엄마가 읽었던 책을 아이가 꺼내 읽으며 밑줄 그어진 곳에서 멈춰 엄마의 눈을 생각해보기도 했다는 책이 여럿이었다. 그런 것이 또한 서로를 더 이해하게도 했으리라. 같이 읽었던 책에 대해 서로의 생각을 나누기도 하고 따로 읽었던 책을 들려주기도 하던 우리는 좋은 책 벗이기도 하였더랬다.

"한단, 리 호이나키의 《정의의 길로 비틀거리며 가다》는 어땠누?"

읽는다는 건 무엇일까

한 방송국에서 한단에게 촬영 제의가 왔다. 고등학교를 간 가을이었다. 해마다 독서의 계절이라고 만들어지는 기획 편이었

다. 그간 한단이 쓴 서평들을 구성작가가 봐왔단다. 내 일이 아니라서 아이랑 연결해주었다. 아이는 그것이 엄마가 하는 일에 보탬이 될 듯하다며 수락했다.

내게도 마이크가 넘겨졌다. '어떤 목적을 넘어 책은 그냥 밥 먹듯이 읽는 거다, 그런 것이 바로 시민의 교양을 만들고, 교양 있는 국가를 만들어낸다, 그러니 책은 그것 자체로 목적이다, 그냥 읽자, 어디에 좋아서 읽는다가 아니라' 그쯤의 이야기를 했다.

아쉽게도 그 가을의 방송은 결국 책 읽혔더니 학교 안 다녔는데도 고등학교에 가서 1등 하더라, 책 읽으면 공부도 잘한다는 주장을 뒷받침하는 데만 그치고 말았다. 그게 설득력이 있다고 생각했을 테고, 궁극적으로 책 읽기를 권하는 방송이었으니 그렇게라도 읽으라고 할 필요가 있었겠지 싶다.

북유럽에 오래 머물 때 펍(pub)에서 사람들을 만나며 놀랐던 것 하나는 블랙칼라에게서도 느껴졌던 일종의 '시민의 교양'이었다. 권장도서란 이름으로 끊임없이 책 읽기를 강조하는 나라에 살던 내게 그들의 책 읽기는 밥 먹기에 다름 아니었고, 그 사회를 향한 동경 비슷한 감정까지 생겼더랬다.

그런데 우리는 꼭, 그렇게, '읽어야만' 할까. 평생 책 한 줄 읽어본 적 없는 우리 마을 할머니들은 놀랍도록 지혜로웠다. 내가 사랑하는 한 시인은 문학작품이라고 읽은 건 교과서뿐인데 대학 가서 시를 쓰기 시작해, 더 이상 시를 읽지 않는다는 이 시대에도 사람들이 시집을 들게 한다.

읽는 것보다 앞서는 것은 사유, 사유보다 앞서는 것은 살아내는 일이 아닐까. 그 삶의 단단한 뿌리가 책 읽기를 능가하는 성찰을 부르고 남을 것이다. 아무리 많은 책을 읽고 아무리 많은 강연을 듣는다 해도 건강한 성찰이 이루어지지 않는다면 그게 다 무어란 말인가. 기껏 지적 허영을 채우거나 자랑질의 소재로 소용될 뿐.

평론가 김현이 《한국문학의 위상》에서 '써먹지도 못하는 문학은 해서 무엇 하냐는 물음'을 나는 글 읽기로 치환한다. 써먹지도 못하는 책 읽기는 왜 하는가? 배고픈 사람 하나 구하지도 못하고, 출세도 못하며 큰돈도 못 버는데. 문학은 바로 그 무용성 때문에 인간을 억압하지 않는다고 했다. 읽기는 바로 그 유용하지 않음으로도 유용하다.

시인 김현의 《걱정 말고 다녀와》에는 이런 구절이 있었다.

'… 꼬박꼬박 월급을 가져다주는 건실한 남편과 크게 속 썩이지 않는 아들딸을 두고도 그럴 수 있다. 그런 걸 이제 나는 안다. 나는 엄마의 삶을 이해하려고 배웠다. 배운 사람은 그런 걸 이해하려는 사람이다. 내가 아니라 다른 사람의 삶을.'

여기에서도 '배운 사람은'이라는 부분을 나는 '책 읽기는'으로 바꾼다. 책은 타인의 삶을 이해하려고 읽는다. 책 읽는 사람은 그런 걸 이해하려는 사람이다. 내가 아니라 다른 사람의 삶을.

언젠가 소설가 김훈은 그랬다. 길은 책 속에 있는 것이 아니라, 사람이 살아가는 땅 위에 있다고. 책 속에 길이 있다 하더라도, 우리 삶의 길과 연결되지 않는다면 그게 다 무엇이겠냐고. 책 속에 있다는 길을 이 세상의 길로 끌어낼 수 있느냐, 내가 바뀔 수 있느냐가 문제라고.

책을 읽는 것과 그 사람이 별개인 경우가 적지 않더라. 글 쓰는 것 또한. 한국의 대문호로 일컬어지던 이도 거대한 문사(文史)는 이뤄도 그의 삶에는 고개가 저어지고, 대학원 재학 중에 낸 평론에 전율을 느끼게 하던 이도 교수로 자리잡고 한 짓이 권력자 딸의 답안지 대리 작성이었다.

읽기가 닿는 곳

앞으로 굴러도 해가 남았고, 뒤로 뒹굴어도 밤이 길었다. 그러니 또 읽었던 한단이었다. 신문도 그 하나였다. 정치 · 경제 · 사회에 대한 관심이 먼저였는지 신문이 그 관심을 불러일으킨 것인지는 모르겠으나 물고기처럼 세상사에 퍼덕거리고 있던 그였다.

> '일자리 고용 창출'은 이명박의 대선공약 중 하나였다. 그러나 실제로 인턴 등 비정규직만 창출했고, 경제 위기 여파로 일자

리는 감소, 실업자가 늘어나고, 청년 고용이 공중분해 됐다.

‘4대강 살리기 사업’은 정말 멍청한 짓이다. 30조를 쏟아 부어서 생태계를 없애고, 죽은 강을 만들겠다는 것이다.

‘대운하사업’은 정말, 진짜 말도 안 되는 거다. 아니, 국토가 이리도 좁은데 무슨 운하란 말인가? 경제성도 없는데….

‘세종시 수정’은 이명박 정부의 실책이다. 복잡한 수도권 인구를 지방으로 옮겨 공생을 해야지, 수도권만 발전해서는 안 되는 것이다. 이 세종시 수정은 수도권 인구만 늘릴 뿐, 수도권에 도움도 안 된다.

‘한미FTA’는 질 좋은 외국 농수산품을 수입해 농민들을 다 죽이는 거다. 정부가 국가이익을 위해야지, 무조건 득실을 따질 순 없다.

‘부자감세’는 진짜 말도 꺼내기 부끄러운 사안이다.

‘천안함사태, 대북정책’은 이명박 정부가 잘못한 것이다. 증거도 없으면서 북한을 범인 취급하고, 통일을 반대하는 것은 아니라고 본다.

‘친서민 정책’은 부자감세, 일자리 비창출 등으로 지금은 정부와 완전히 반대되는 정책이다.

이상, 이명박 정책 종합평가이었다.

8. 28. 흙날. 비 / 열세 살, 한단의 날적이 〈이명박 정책 종합평가 2〉 가운데서

◎•◎•◎

산마을 밖에 사는 사람들이라고 신문을 더 유심히 보는 것도 아니어서 외려 산마을에 모여 한단이 그린 그래프로 2012년 대선이 인상 깊게 남았다는 이들도 있었다. 경제민주화는 왜 필요한가, 대선 주자들의 주장의 차이는 무엇인가, 그래서 우리는 누구를 찍어야 하는가….

우리가 뭔가를 설명한다는 것은 읽고 이해한 뒤에 따르는 과정이다. 읽은 것들을 말하면서 자기가 알고 있는 것을 되짚고, 설명하며 다시 자기가 아는 것을 점검하는 과정이 아이에게 이어졌다. 나만 해도 그에게 받은 영향이 컸을 게다. 몰라서 물어보는 엄마의 되물음이 아이의 앎을 더 명확하게 해준 측면도 있었을 것이다. 결과적으로 어두운 엄마의 물음이 아이의 학습을 강화했다?

그러나 뭐니 뭐니 해도 책 읽기는 그것 자체로 목적이다. 이 산마을에서 아이의 책 읽기도 그저 삶이었다. 울고 웃고 좌절하고 어떻게든 위로받고 또 걸어가는 삶의 모습 그대로인. 역설적이게도 그래서 아이의 삶을 견실하게 하는 힘이 있었다, 깊은 성찰이나 타인의 삶을 이해하는 데까지는 한참 부족했어도. 뭐, 앞으로 그러면 되지. 그래야지. 그러자!

글쓰기,
삶을 담아

문자가 산골에 닿고 다시 답문자가 가기, 또 전화가 들어오고 응답이 가기까지 사이가 긴 내 삶이다. 장갑 끼고 밭일 하다 벗는 것도 번거롭고, 아이들과 수업을 할 때라면 전화기며 컴퓨터를 켤 까닭이 없고, 사람을 맞아 이야기를 나눌 때면 예의로도 전화기를 멀리 둔다. 무에 그리 급한 일이 있으려나 싶고, 국가적 위기상황에서 긴박하게 전화기를 안고 있어야 하는 사람도 아니니 대개의 전화나 문자나 메일은 내게 있어 우표 붙여 보내는 편지 수준이다. 바로바로 응답하는 일에 익숙한 삶에서라면 답답할 수 있겠지만 산골 삶에서는 그럴 일이 별 없다.

SNS(소셜 네트워킹 서비스; Social Networking Service)도 쓰지 않는다. 게을러서이고, 실시간으로 내 사는 꼴을 전하는 것이 타인에게 피로감을 더할 수도 있다는 일종의 배려이기도 하고, 산골에서 흙투성이로 사는 일만도 벅차기 때문이라는 것 정도가 이유일까. 아들은 그런 내게 자신의 SNS를 통한 정보들을 가끔 전한다. 제가 올린 사진이나 글을 보내오기도 하고. 얼마 전 SNS에 엽서들을 찍은 사진에 글 몇 줄 단 화면을 문자로 보내왔다. 한 엽서는 내용이 보였다.

한단, 이제 마지막 날이다.
두어 가지 기념품을 사고
타멜 거리를 어슬렁거리고 있다.
이언 매큐언 책도 마지막 장을 덮었다.
네 정서에도 도움이 될 성 싶다. 읽어보길.
늘 그러할 순 없지만
정성스런 순간순간이 우리 삶을 이루노니
또 애쓰는 하루이시라.

2017. 3. 9. Nepal, 영경

어머니는 어딜 가시든 꼭 아들에게 엽서를 보내신다.
나는 어떤 사람을 이만큼 사랑할 수 있을까.
어떤 존재에게 행복을 주는 사람이 될 수 있을까.

윤동주의 시에서처럼, "별 하나에 어머니, 어머니…."

그날 한단은 무슨 바람에 그런 걸 올렸던 걸까?

자기 삶과 생각으로 채우는 자기소개서

제도권 학교로 간 아이가 첫 수시 원서를 썼다.

학교에 가서 보낸 2년 반, 그전까지 보낸 산골 삶, 만 가지 생각은 '주마등(走馬燈)처럼'이라는 표현이 필요했다.

출산하는 아내 곁에서 남편은 세상으로 나오는 아이를 맞으며 환영사를 읽었다. 기형아로 태어난 줄 알고 안타까워하며 잘 키워내리라 비장하게 각오하게 한 아이였다. 엄마도 아빠도 공동체로 같이 살던 동료들도 가슴이 철렁했으나 서로 말을 꺼내지 못했고, 산도를 빠져나오면서 신생아 머리 모양이 좁고 길게 찌그러진 것이 일시적인 현상인 줄 하루가 흘러서야 알았던 것. 눕히면 방석에 겨우 들어가던 3.4킬로그램 아이는 20년 만에 키 185센티미터에 몸무게가 30배 가까이 뻥 튀었다.

어느새 자랐는데 아직 맞는 옷은 없어 내복에다 엄마 숄을 둘러치고 나간 5, 6개월 늦가을도 떠오른다. 아장거리며 광에 드나들기 시작하자 내리 세 개씩 두유를 꺼내 먹기도 하고, 곤하도록 논 뒤 혼자 하게 된 숟가락질로 꾸벅꾸벅 졸면서 밥을 먹던 밥상머리도 생각난다.

집만 나가면 주머니에 돌이며 낙엽이며 엄마선물로 집어넣고 오던 두세 살 이문동 시절, 처음 천 원을 들고 집 앞 가게에 심부름을 갔던 날 뒤에서 지켜보던 그 아이의 세 살, 엄마가 만든 종이박스 차를 복도에 종일 밀고 다녀 '백 바쿠'로 불리던 시카고의 다섯 살, 일곱 개 나라 공동체를 엄마랑 둘이서 떠돌고 다니던 네 살부터 여섯 살, 불도 없고 물도 나오지 않는, 야외 샤워를 하던 호주의 산속에서도 엄마를 기대게 한 아들이었다. 그런 세월이 있지 않으면 다 커버리고 더는 말도 안 듣고 곱지도 않은 녀석들의 날을 우리 엄마들이 어찌 좋은 눈으로만 볼 수 있겠는지.

멀리 있는 아빠 대신 엄마를 지키며 엄마 생의 가장 힘든 몇 해를 아침저녁 안마하고 산골 삶을 돕던 여덟아홉 살, 혼자 읍내 나가 제 돈으로 문제집을 한아름 사다 풀던 열한 살, 세 학기를 유기농장에 한 주에 한 차례 가서 머슴을 살던 열두어 살, 지독하게 갈등했던 사춘기의 절정이었던 열다섯 살, 그리고 제도권 학교에 가기로 결정한 후 검정고시를 준비한 시간. 드디어 2013년 12월 19일 눈발 날리던 날 고교선발고사를 쳤다. 영하 5도, 눈이 내려 얼어붙기 시작하는 산마을에서 새벽에 발이 묶일까 전날 읍내에 숙소를 잡았더랬다. 깊은 밤 꽝꽝 언 도로 위로 떨어지던 눈을 내려다본 그 밤이 생생하다.

그동안 아이의 성장사를 촘촘히 보던 것과 달리 고등학교를 입학하고 이젠 엄마가 모르는 시간도 생기게 되었으니, 아이는 고등학교 3학년 9월에 생기부(생활기록부)를 들고 자소서(자기소개서)를 쓰기 시작한 것이다.

한단은 하고 싶은 게 있어서 간 고등학교였던 만큼 자소서 운을 떼는 데 그리 곤혹스러워하지는 않았다. 하지만 그 역시도 학교 선생님들과 부모의 도움말을 얻어 자소서를 여러 차례 다듬어야 했다.

그가 학교에 가서 무엇을 했는지 비로소 좀 들여다본 시간이었다. 진정성도 진정성이었지만, 그의 글쓰기가 생각보다 탄탄함에 조금 놀랐다. 지속적으로 글을 써온 시간이 무관하지 않았겠다. 일찌감치 자소서를 마무리하고 공부시간을 확보한 한단은 여유가 있었다.

그는 '시 쓰는 과학자'를 꿈꾸며 뇌과학을 공부하겠다 했고, 서울대와 의대 몇 곳에 수시 원서를 넣는다고 했다. 원하는 대학에 붙으면 좋겠지만, 원서를 넣을 수 있게 된 것만도 큰 성과이리라. 공부하다 보니 재밌고, 재밌으니 하고, 하니 잘하고, 잘하니 재밌고, 재밌으니 성적이 오르고…. 아이는 이렇게 쉬운 시험을 보려고 그토록 열심히 공부했나, 수능 날 답안지를 내며 그리 허탈해할 만큼 이제 뒤도 안 돌아보고 공부할 일만 남았다 했다.

자소서, 쓰는 것보다 무엇을 했는지가 중요

여름이 끝나가면서 시절은 바야흐로 수시접수와 입사지원 시기, 자소서를 봐주십사 여럿의 연락을 받았더랬다. 대치동에서 오랜 기간 글쓰기 수업을 한 적도 있고, 자원봉사로 꾸려지는 물꼬에 손발 보태는 이들을 위해 작으나마 뭔가 해주고 싶은 바람이 있었다. 청년실업이 하늘을 찌르자 더 절절한 마음들로 입사지원서에 넣는 자소서까지 내 손에 이르게 된 것이다. 입시정보를 교환하는 한 인터넷 커뮤니티에도 수시원서 접수를 며칠 앞두고 자소서 어떻게 쓰면 되느냐 묻는 글이 심심찮았다. 수능이 두 달여 남은 시점에서 자소서를 쓰는 데 보내버린 2주는 꽤 큰 공백이란다.

생기부, 추천서, 지원자격 증빙서류, 전형 구분에 따른 서류, 추가필수자료, 기타서류, 대입전형에 필요한 이 서류들은 고등학교가 지원 대학에 넣는 것이다. 이 가운데 수험생이 직접 넣는 것이 바로 자소서다. 그러니까 수험생이 재량껏 쓸 수 있는 유일한 서류다. 가장 절박한 문학이라는 자소서는 비단 청년 취준생만을 대상으로 하지 않는다. 절박하기로야 고3 수험생도 못지않다.

그 자기소개라는 것이 얼마나 다를 수 있을까. 대부분 비슷한 환경과 경험, 심지어는 비슷한 생각으로 초·중·고를 보내지 않는가. 그러니 대필이 성행하고 그 값이 수십만 원에서 천만 원대에 이른다 했다.

그렇게 해서 성공하는 자소서가 없지는 않을 테지만, 대개 그런 '자소설'은 공허할 공산이 크고, 자소서를 토대로 받는 면접 질문들 속에 그만 허위가 드러나 버릴 위험 또한 크다. 그만한 돈을 들이기도 쉽지 않고. 말해 무엇하냐만 자소서는 자기 삶과 생각이 채워내야 할 자리다. 이왕이면 읽기 좋게 하느라 곁에서 도울 수는 있겠지만, 내용 없는 겉은 결국 실체를 토하고 만다.

자소서는 '어떻게 썼느냐'도 중요하겠지만, '무엇을 했는가'가 우선이다. 한 것이 먼저이고, 쓰는 게 다음이다. 그래야 힘이 있다. 자기가 한 일을 자기가 가장 잘 알고, 자기가 잘 아는 이야기야말로 자기가 잘 쓸 수 있을 것이다. 명문이 내용을 만드는 경우가 없기야 하겠냐만, 자고이래로 내용이 명문을 만드는 법이다.

아이들의 삶이 그가 앞으로 하려는 것에 맞춰질 수 있도록 돕고 아이들이 지속적으로 글을 써나갈 수 있다면, 그렇게 훈련이 된다면 좋은 자소서가 나올 수 있지 않을는지!

글쓰기에 재미를 붙이면

아이가 학교에 다니지 않는 동안 나는 애초에 엄마로서 해야 할 일보다 하지 않아도 되는 일을 더 많이 생각했다. 모두가 엄마로서 해야 할 일을 열거하는데 그건 내게 되지도 않을 일들이었으니까.

내가 새로운 학교운동이며 공동체운동 어쩌고 할 때 사람들에게서 가장 많이 받은 질문은 무엇이 가장 힘드냐는 것이었는데, 대부분 경제적 문제라는 대답을 예견하는 눈치였다.

"제 상상력의 한계, 제가 살아온 삶에서 만들어져 규정된 제 생각이요!"

그것이야말로 무서웠다. 내가 배운 대로만 가르칠까 봐. 그래서 가르치기를 주저할 때 아이에게 그나마 뭘 '하라'고 한 게 있다면, 그건 '글쓰기'였다. 어떤 직업을 가지든 글쓰기는 무기가 된다는 걸 누구도 부정하지 않는다. 작가라는 직업군에서야 글을 잘 쓰는 게 특출한 재주가 아니지만, 다른 직업군이면서 글을 잘 쓴다면 그가 지닌 가치가 배가 된다.

매사추세츠공과대학교(MIT) 학생들이 많이 지나다니는 보스턴 시의 MIT 켄달 지하철역 앞, 책방 MIT COOP에서 수십 년 동안 가장 많이 팔린 책은 《The Elements of Style(스타일의 요소)》라는 작문책이라 했다. MIT를 졸업하려면 2학년 초까지 쓰기 1단계, 졸업 전에 쓰기 2단계라는 두 개의 쓰기 관문을 넘어서야 한단다. 모든 과목이 작문과 밀접하다 했다. 쓰기를 통해 명쾌한 사고능력이 생기게 되고, 이것이 연구능력과도 직결되기 때문이란다. 이런 단련 속에서 유능한 과학자와 엔지니어를 넘어 훌륭한 작가들까지 그토록 만들어졌던 것이다.

레이첼 카슨의《침묵의 봄》은 환경운동가들을 길렀고, 찰스 다윈의《비글호 항해》는 갈라파고스 여행을 꿈꾸게 했다. 리처드 도킨스의《이기적 유전자》, 현존하는 최고의 과학자 에드워드 윌슨의 여러 책, 읽어보진 못했으나 명성이 자자한 책들, 갈릴레이의 대화록, 슈뢰딩거의《생명이란 무엇인가》, 제임스 왓슨의《이중나선》….

날적이든 뭐든 아이는 '놀이'가 어느새 습관이 될 만큼 지속해서 글을 썼다. 아이랑 이야기를 나누다 말이 좀 길어지면 서면으로 제출하라 하였다. 처음에는 글쓰기 재료로 삼은 그 일이 나중에는 아이가 엄마를 설득하는 데 더할 나위 없는 수단으로 쓰이게 되었다. 읽은 책도 자신의 말로 정리해보면 어떠냐고 권했다. 그걸로 초등학교 4학년 나이던가 인터넷 매체에 기고를 시작하더니 원고료라는 강화물을 통해 그야말로 강화되어, 원고 마감해야 한다며 한밤에 검토 좀 해주십사 엄마를 깨우기도 여러 번이었다.

한단은 글쓰기에 재미가 붙자 공책 한 권을 따로 놓고 판타지물을 쓰기도 했다. 쓰고 또 쓰면 나아진다. 빠르거나 더딘 차이는 있더라도 하고 또 하면 그 무엇에서나 못하기는 드물다. 날마다 조금씩, 그것이 얼마나 거대한 축적물이 될 수 있는지 우리는 다 안다. 훗날, 뚝딱 글쓰기에 쉽게 접근하는 아이를 보고 놀라는 날이 오더라.

열세 살 무렵엔 출판서평 전문 잡지에 동화 작가와 함께 1년 넘게 고정 필진으로 글을 쓰게까지 되었다. 꼬박꼬박 쌓은 원고료만도 동그라미 여럿에 이른 줄로 안다.

한단의 '새 우리말큰사전'

아이와 나는 한가했으나, 또 한편으론 몹시 바빴다. 풀은 너무 빨리 자랐고, 아이 크는 것도 오뉴월 하루 볕이 무서웠다. 서로 뭘 하는지 모르고 해가 질 때도 있었다. 밥 먹을 때가 되어서야 "야, 반갑다!" 인사를 나누며 각자 보낸 하루를 들려주기도 했다. 그때 한단은 뭔가를 무지 했더랬다, 제 이름에도 담긴 뜻처럼.

언제부턴가 이 친구는 자기에게 의미 있는 낱말들을 새로이 정의하는 사전을 만들며 놀았다. 랩탑에 문제가 생겨 한단의 것을 빌렸던 날 한글문서를 열다가 그가 초등학교 고학년 나이 무렵에 쓴 '새 우리말큰사전'을 보게 되었다. 그즈음을 지나던 그의 생활과 생각을 엿볼 수 있었고, 거기엔 내가 보낸 시간도 담겼다. 두어 줄 읽다가 재미 들려 아침시간을 다 보냈더랬다.

> 희망이란, 우리나라가 월드컵에서 피파 랭킹 49위이고, 이때까지 원정 16강에 올라간 적이 없다 하여도 올라가도록 응원하는 것.
>
> 해방이란, 말 안 듣는 애랑 놀아주다가 그 애가 그만 놀자고

했을 때의 행복감.
행복이란, 자원봉사로 어떤 할머니 집을 청소해드리고 나서 할머니가 웃으시면서 "아이고, 정말 고마워"라고 하실 때 느끼는 보람.
행복이란, 하루 종일 시내에 있어서 힘이 들 때 엄마가 사준 치킨 볼 하나를 먹고 느끼는 감동.
평화란, 내가 한 발자국 물러나주면 자연스럽게 이루어지는 것. "쟤가 잘못을 했지만 봐주자."
책임이란, 도서관에서 빌린 책에 흠집을 내지 않고 보는 것. 원래 상태로 반납하는 것.
책임이란, 내 밭에 물 줄 일을 남한테 미루지 않는 것.
재미란, 내가 생 은행을 죽도록 까서 그것을 엄마한테 비싸게 팔았을 때 수지맞은 것.
자유란, 내가 남한테 기대지 않고 떳떳하고, 당당할 때 느끼는 것.
인내란, 동생이 구구단을 외우지 못해서 답답하더라도 짜증을 내지 않고, 충분히 기다려주는 것. 동생도 외우고 싶은 마음은 간절할 테니까….
이해란, 토끼를 키우게 됐을 때 '토끼 창살이 작지 않을까?' '잘 적응을 하나?' 살펴주는 것.
의지란, 엄마가 10년 전 학교를 세우겠다고 했을 때 모든 사람들이 말도 안 된다 그랬지만, 결국 해내게 한 힘.
용기란, 나는 축구를 못하고, 할 줄 모르지만 한번 시도해보는 것.
양심이란, 누군가가 선물을 사준다고 했을 때 조그마한 물건을 부탁하는 것.
약속이란, 도서관에 책을 반납하기로 한 날짜에 책을 반드시 반납하는 것.
싫음이란, 콩을 밥에서 빼놓고 싶은 것.
사랑이란, 밤이 되어도 안 오시는 엄마를 걱정하는 마음.
보람이란, 정성껏 키운 해바라기에 씨가 맺혔을 때 느끼는 뿌듯하고 즐거운 감정.
배려란, 엄마 컴퓨터를 쓰기 전에 "엄마, 엄마 컴퓨터 써도 되나요?" 하고 물어주는 것.
믿음이란, 엄마가 나를 학교에 안 보내도 불안해하지 않는 것. 엄마가 생각이 있어 그러는 거라고, 엄마가 나를 좋지 않은 길로 보내지 않을 거라고 믿는 것.
마음 나누기란, 콩을 수확할 때 산짐승들이 먹을 것도 남겨놓는 것.
도움이란, 친구의 모래성을 더욱 멋지게 만들기 위해 내 모든 기술을 다하는 것.

노력이란, 영어를 하려고 해도 영어를 배워야 하듯 우리가 하고 있는 모든 움직임, 생각, 활동을 위해서 꼭 거쳐야 하는 것.
기적이란, 애들과 놀다가 유리창을 깨 다리의 반이 잘렸지만, 급소를 아슬아슬하게 피하고 살아남은 것.
관용이란, 내가 한 시간 동안 쌓은 모래성을 친구가 실수로 무너뜨렸을 때 "다시 지으면 돼." 하고 쿨하게 말하는 것.
공부란, 만주도 우리 선조들의 땅이었고, 중국도 우리 선조들의 땅이었다는 사실을 전수받는 것.
감사란, 산에 가는 날 엄마가 일찍 일어나서 김밥을 싸주실 때 느끼는 고마운 감정.

한단의 '새 우리말큰사전' 가운데서

엄마를 따라 해 보며 배가 너무 고파서 울었다는 단식, 그가 댓줄 가꾸던 밭, 그가 까주던 은행, 마을 할머니 댁에 놀러 다니며 일손을 거들던 시간들, 학교에 가지 않는 시간 그의 놀이터이자 공부터였던 지역 도서관, 물꼬라는 공간에서 하는 이야기들도 담겼고, 그 나이 때의 불안도 헤아려졌다.

늦은 밤까지 오지 않은 엄마를 걱정하며 걸어오던 전화도 생각났다. 외로웠을 그의 시간들이 짠했고, 한편 기특했다. 아이들의 생명력이 얼마나 힘찬 것인지 가슴 뜨겁게 확인하기도 했다.

'그나저나 걔는 밥에 든 콩이 참말 그리 싫은가….'

나는 좋아해서 그거 먼저 골라먹을 정도인데 말이다.

글을 쓴다는 것은

읽는 것과 마찬가지로 쓰는 것 역시 뭘 잘하기 위해서가 아니라, 하고 싶은 말을 쓰는 것이다. 나아가서는 해야만 할 말을 쓰기도 할 테고. 우리는 못 배워서 못 쓰는 게 아니다. 못 읽어서 못 쓰는 것도 아니다. 쓰지 않았던 것이다. 내가 드러나 버리니까 또는 게을러서, 그리고 먹거나 보거나 즐길 더 쉬운 것들이 있으니까.

배움이 짧고 사유가 짧아도 도전하기 쉬운 게 글쓰기다. 내 이야기를 나만큼 잘할 수 있는 사람이 어디 있다고!

글을 쓰면 치유도 일어난다. 정리도 일어난다. 한 줄의 응원이 사람을 살리기도 한다. 그리고 이 글을 쓰면서 새삼 알았다. 내가 신 마을의 낡고 너른 살림을, 그 모진 겨울을 지날 수 있었던 것도, 사람을 보내고 또 보내면서, 상처를 안고 또 안으면서 여전히 살아있었던 것도, 수다처럼 쓰는 글이 있어서이기도 했겠구나. 설혹 미문에 이르지 못했을지라도, 잘 썼거나 못 썼거나 날마다의 기록이 나를 또한 밀고 와주었구나!

◎•◎•◎

한단이 받은 엽서들을 들여다보니, 자칫 잔소리가 되기 쉬운 것을 나는 엽서를 통해 무심한 듯 말하고 있었다. 그래서 아이도 으레 하는 어른의 옳은 말로만 받지 않았다지.
마음이 어려운 일을 겪고 있던 그날 그는 엽서를 읽었다 한다. 보다 가지런히 자신을 정돈하는 게 필요했을 때! 엽서는 엄마의 말을 전하는 형식 하나였고, 엄마가 하고픈 말이 엽서라는 징검다리를 건너 아이의 마음에 닿고 있었던 것이다.

자발적 가난이 남긴 것

아이가 한글 공부를 하고 있었다. 한국에 있었더라면 좀 더 늦게 가르쳤거나, 굳이 가르치지 않더라도 한국어에 노출되어 있으니 천천히 익혔을 것이다. 어릴 때 받은 지나친 지적 훈련이 자라서 오히려 지적 손상을 가져오는 예를 여럿 보았다. 똑똑하고 창의적일 수 있더라도 사회적 관계에서는 악화된 경우들이었다. 과도한 학습과 스트레스가 아직 뇌가 발달하지 않은 아이들에게 스스로 균형을 잡고 조절하려는 뇌의 능력을 떨어뜨리고, 아이의 뇌를 파괴한다는 의료계 진단도 있었다.

하지만 아이가 한국을 떠나 있어 엄마는 초조했고, 영어에 더 많이 익어진다 싶어 마음이 바빠졌다. 그날도 저녁에 아이와 우리말 십자말풀이를 하고 있었다. 남편은 연구조교를 하며 시카고에서 박사 과정을 밟았고, 아이와 나는 몇 나라의 공동체에서 생활하다 합류한, 아이 다섯 살 때였다.
'무'로 시작하는 네 글자가 무얼까? 한단은 생각할 거리도 안 된다는 듯, 절대 틀릴 리 없다는 자신감으로 외쳤다.
"무/○/○/○!"

◎•◎•◎

꽃이 더 예쁘게 피는 까닭

아이들에게는 부모가 직접 하는 말보다 그들이 좋아하는 이야기 속 등장인물이 하는 이야기가 더 설득력이 있기도 하다. 약아빠진 우리 어른들은 곧잘 그걸 이용해먹는다. 아이에게 전하고 싶은 말이 있을 때 슬쩍 이야기 속 인물을 끌어들이는 식으로, 하얀 거짓말 같은 거라고나 할까. "이거 입어"보다는 "(같이 읽었던 어느 책에서) 누가 이거 입던데…"가 더 먹힐 수 있다. 아이들은 현실보다 이야기에 약하니까.

나 역시 온갖 이야기로 아이들을 설득·회유·협박(?)했음을 고백한다. 나이 들면 어차피 사실을 아는 날이야 올 테고, 어린 날의 상상력을 더 풍성하게 하는 데 기여했다는 긍정성도 없잖다. 그게 바로 '이야기의 힘' 아니겠는지. 아이에게 하고 싶은 말이 있으면 그렇게 동화를 들이밀었다. 전하고 싶은 어떤 가치관을 다룰 때도 마찬가지였다.

"은행나무야, 넌 올해는 더 예쁜 잎이 가득 필 거야. 왜냐하면 내가 이렇게 기운 바지를 입었거든."

궁둥이 기운 바지를 입고 창피해하던 또야였는데, 이제는 유치원으로 신나게 간다(권정생, 《또야 너구리가 기운 바지를 입었어요》). 엄마가 그랬다, 궁둥이 기운 바지를 입으면 산에 들에 나무들이 더 예쁘게 꽃이 핀다고. 아름다운 꽃을 피운다는데 누가 마다할까.

한단도 또야를 좇아 다른 멀쩡한 바지를 놔두고 굳이 덧댄 옷을 찾기까지 했다. 아이 키우다 보면 엉덩이와 무릎이 성하기 어렵다. 누군가에게 물려받은 옷은 더 떨어지거나 찢어지기 전에 먼저 덧대 놓기도 했다. 길에서 만나는 보물들을 주워 넣기 좋게 주머니도 큼직하게 달아주었다. 아이가 꽤 클 때까지 그리 입혔다. 옷보다 더 중요한 것들이 아이 생에는 많았으니까. 그래서 우리 깃든 산마을의 꽃들이 날마다 더 예쁘게 피었는지도 모를 일이다.

우리가 아이들에게 옷을 너무 잘 입힌다는 생각을 한다. 과하다. 아이들도 외출복이 필요할 때는 있겠지만, 옷에 대한 다양성보다 사고(思考)에 대한 다양성이 있으면 좋겠다!

물꼬 서울학교가 가회동에 있을 때 만났던 한 가족은, 화려한 옷과 정장을 입던 부모님과 달리 세 아이의 입성이 늘 허름했다. 당시 초등학생이던 그 댁 아이들은, 산에 가서 비싼 옷이 나무에 긁힐까 주춤하던 아이들과 달리 활동에 옷이 가치작거린 적이 없었다. 편안

한 옷차림은 그들에게 평화로움까지 당겨온 듯 보였다. 그 댁이, 온 가족이 평생 먹고 살 만큼 넉넉한 재산을 지녔다는 건 이후에 들었다.

그 댁 아이들이 이십 대 청년이 되어 전해 온 연락은 평안하고 자유롭게 잘 자란 느낌을 주었다. 그들의 어린 시절이 그렇게 성장한 데 도움이지 않았을까 싶다.

"누가 준 거야?"

아이가 물었다. '이것은 또'라는 말을 괄호 안에 넣은 문장이다. 어른이야 체구가 거의 변함없으니 10년을 넘기고도 같은 옷을 입지만 아이들이야 어디 그런가. 아이는 자꾸 컸고, 옷은 그렇지가 못했으니.

아무리 새 옷을 사는 걸 경계한다지만 갓난쟁이가 아니고서야 벗고 있을 수야 없지. 아이는 어찌나 잘 자라는지, 봄에 입은 옷을 가을이면 입을 수가 없었다. 그래서 옷을 챙겨 내밀면, 아이가 꼭 그렇게 물었던 것이다. 엄마가 샀을 리 없다는 말이거나 새 옷일 리는 없을 거라는.

요새는 낡아서 버리는 옷이 드물다. 물꼬에 있는, 옷장 몇 개로 이루어진 옷방에는 번듯한 옷들뿐 아니라 가격표도 떨어지지 않은 채 도시에서 보내진 것들도 있다. 공동체를 이루고 살 때 구성원 누구나 입을 수 있는 옷이었고, 치유를 위해서든 자원봉사를 하러 오든 방문한 이들이 묵을 때도 입는다. 매 맞는 엄마들이 맨몸으로 집을 나와 산골에 오래 머물 수 있게 도운 것도 그 옷방이었다. 산마을 10월을 만만히 봤다가 갑자기 방한이 필요한 이들을 돕는 곳도 그 공간이다. 이곳이 삶터인 내게는 평생을 입고도 못다 입을 옷이 거기 쌓였다. 물꼬에는 또한 그 옷들을 자르거나 늘이거나 수선할 수 있는 재봉틀도 있다.

9월을 넘긴 산골은 벌써 이미 낼모레 겨울, 밤에는 겨울 파카를 꺼내놓아야 한다. 이듬해 6월은 돼야 옷장으로 들어갈 수 있는 물건이다. 아이의 나이, 열두 살이었다.

거기서 아이는 철이 바뀔 때마다 옷을 챙겨 입습니다. 하라고 시킬 것도 없지요, 날이 추우면 저가 합니다. 전신용 거울까지 들고 가 1차로 주욱 입어보고 2차로 어른들한테 묻습니다.
교육의 목적에서 첫 단계가 무얼까요? '스스로'일 것입니다. 자기 삶의 문제가 자기 것이어야 합니다.
언젠가 쌀쌀해진 날씨에 시퍼레진 아이를 보고 그랬습니다.
"옷 좀 입어."
"엄마, 추우면 (제가) 입어요."
그러게요, 온도 감지에 장애가 있지 않은 한 추우면 입을 테지요. 우리 어른들이 생각하는 것보다 훨씬 더 저들이 저들 생활을 잘 꾸려나갈 겝니다.

10. 5. 불날. 맑음 / 날적이 가운데서

유독 가을에 옷이 얘깃거리인 건 겨울이 가혹한 산마을이라 그랬던가 보다. 아이 열네 살에도 가을은 왔더랬다.

지난주 서울 와 있을 적 아이한테 문자가 들어왔더랬습니다,
옷 언제 고칠 거냐는.
"새로 옷을 사달란 것도 아니고…."
꿰맬 옷을 몇 벌이나 그리 쌓아놓고 있으니, 입을 옷이 아무래도 시원찮은 겝니다. 재봉틀 앞에 앉는 날이 이리저리 여러 날 밀렸던 거지요.
"룽따(티베트나 네팔의 법문 깃발)나 이런 건 실질적인 것도 아닌데…."
얼마 전 챙겨서 전나무 사이에 매달아 펄럭이고 있는 룽따를 들먹였더랬지요. 옷 꿰맬 시간은 왜 없느냐는 화를 그리 에둘러 내고 있었던 겁니다.
미안했지요.
밤, 그예 재봉질을 했습니다. 찢어진 데가 많아 바지들을 아주 만들었더라니까요.

물꼬 옷방에는 우리가 평생 입어도 못다 입을 옷들이 있습니다. 곳곳에서 보내준 멀쩡한 옷들이지요. 하기야 그것도 십수 년 오는 이들마다 꺼내 입고 나니 낡고, 또 산골서 유용치 않은 옷들을 빼내고 나니, 이제 그리 표현도 못하겠습니다.
계절이 바뀌면 아이는 그곳에서 성큼성큼 자라는 제 몸에 맞춰 옷을 챙깁니다. 너무 많이 자라버린 아이, 상자마다 다 꺼내보아도 제 몸이 맞는 게 거의 없던 모양입니다.
날은 춥고, 어둡고, 옷방 구석에서 살짝 눈물이 나더랍니다.
"서러웠구나?"
다행히 마지막 상자에서 몇 개를 건졌다데요.

11. 24. 나무날. 바람 찬 날 / 날적이 가운데서

없는 살림이기도 했지만 옷에 들이는 돈은 헛되이 쓰는 것으로 여겨졌다. 장난감이 따로 없이 모든 세간이 놀잇감이었던 것처럼 아이에게 옷도 그러하였다. 그렇다고 새 옷이 아주 없었겠냐만. 그 생활은 아이도 물자를 낭비하지 않아야 한다는 태도를 만들었다.

가방 하나의 무게로

"오늘은 몇 시간짜리예요?"

오늘 할 청소의 규모를 묻는 한단의 말이다. 30분짜리라면 그것

대로, 세 시간짜리라면 또 그만큼 세세하게 할 청소이겠다. 아이 나이 열댓 살, 그날은 못해도 서너 시간을 했던, 좀 더 후미진 곳까지 손이 간 날이었다. 물꼬 부엌 곳간을 한바탕 정리하고 말리라 작정했다. 집안일이란 그렇게 한 번씩 큰 숙제를 요구하지 않던가.

한때 규모가 아주 큰살림이었던 걸 감안하고도 세간이 많았다. 버리기는 아까워 누가 좀 써주면 좋겠다는 물건들을 사람들은 물꼬로 가져왔다.

"어머니, 이거는 쓰셔요?"

"음…."

"그러면, 안 쓰시는 거예요."

아이가 밖으로 뺐다.

"그래도 쓰일 데가 있을 텐데…."

"여태 한 번도 안 썼으면 앞으로도 안 쓸 확률이 높아요."

아예 없애는 건 아쉬워 자꾸 뒤가 돌아봐졌다. 그사이 아이는 다른 물건을 쥐고 물었다.

"어머니, 이건 마지막으로 언제 쓰셨어요?"

"작년? 재작년? 몇 년은 되었지 싶네."

"그럼, 이것도 버리셔요."

"그래도 쓰일 텐데…."

"수년 동안 안 썼다면 자리 차지하게 하는 것보다 그때 사거나 빌려서….”

그 말도 옳다. 언젠가 쓰이리라고 쟁여져 있던 것들이다. 한단은 나오는 물건이 많아지면서 발에 거치적대자 나중에는 밖으로 던지다시피 했다. 이튿날 학교 언덕 아래 있는 댁에서 한밤에 물꼬에 무슨 일이 일어났냐고 물을 정도였다.

청소는 그렇게 아이가 있어야 곧잘 되었다, 힘으로든 정돈으로든. 그건 일종의, 살림하는 엄마의 주관이 아이의 객관을 따를 수가 없는 이치였다. 애면글면 쥐고 있는 사람 눈에는 보이지 않는 걸 타인은 볼 수 있지 않던가. 더구나 물꼬 살림이나 엄마의 부엌살림을 모르는 아이도 아니니까.

더는 안 쓰겠다고 솎아낸 물건이 대부분이었지만 언젠가 또 잘 쓰이겠다고 도로 들어가는 것들도 있었다.

“광평(한단이 머슴살이 가던 농장)에 보니까 창고 지으면서 이런 거 다 쓰더라.”

아이는 장차 우리가 도모할 일을 헤아리며, 닭장 새로 지을 때 쓰자고 그것을 챙기고 있었다.

우프(WWOOF, World-Wide Opportunities on Organic Farms)를 떠난 적이 있다. 1970년대 영국의 한 농가에서 외국인 여행자들에게 일손을 빌리면서 시작된 것으로 특히 비영어권 젊은이들이 비행기 표만 있으면 외국 여행을 꿈꿀 수 있게 하던 제도였다. 농가에서 네 시간여 일을 돕는 대신 숙식을 제공받을 수 있는 거다. 회원으로 등록해야만 가능한 줄 알지만 그렇지도 않다. 손이 필요한 농가에선 그가 회원이든 비회원이든 상관이 없으니까.

이 농가 지도는 세계의 공동체 마을 지도와 겹치는 곳이 많다. 가진 모든 것을 털어서 몇 나라의 공동체를 방문했을 때 나는 네 돌이 안 된 아이를 대동한 아줌마였고, 우퍼였다. 'No Children'이라 적혀 있더라도 막상 만나고 나면 아줌마여서 할 수 있는 일이 더 많아 환영받았고, 떠나올 땐 더 오래 있거나 다시 와달라는 부탁이 길었다.

오스트레일리아, 뉴질랜드, 미국, 핀란드, 스웨덴, 러시아, 덤으로 에스토니아… 아이는 네 살 생일도, 다섯 살 생일도 외국에서 맞았다. 햇수로 3년, 날마다 가방을 싸고 풀면서 사람이 사는 데 그리 많은 게 필요치 않다는 걸 절감했다. 가방 하나의 무게로 사는 걸 연습하는 시간이었다. 하기야 부려놓으면 한 살림, 혼자 살아도 한 살림인 게 사람살이. 생활하다 보면 기억만이 아니라 쓰레기도, 살림살이도 쌓여 가는데 순간순간 그때를 떠올리면 나는 좀 정리가 되고는 했다. 어렸지만 아이에게도 그런 시간이 준 영향이 없잖았으리.

공동체들에서 머무는 동안 본, 선언이 아니라 몸에 깊이 스민 생태적 삶과 자발적 가난은 인상적이었다. 그것이 그 공동체 삶뿐 아니라 그들을 둘러싼 지역 사회의 검소도이기도 해서, 공동체로 막을 친 자신들만의 리그로 보이지 않아서도 좋았다. 한국보다 월등히 잘 산다는 나라들에서조차 오래 입어서 늘어질 대로 늘어지고 터진 솔기를 칭칭 꿰맨 자국들은 도시의 축제장에서 만나는 누구에게서나 발견하기 어렵지 않았다.

가까운 도시로 나가 어쩌다 만나는 한국인들은 틀림없는 한국인이었다. 처음엔 겉모습을 보고 한국인을 구분할 수 있는 거라 생각했는데, 눈에 띄는 말쑥한 차림새가 대표적인 특징이었다. 지나치게 잘 입었다. 한국이 얼마나 물자가 풍부한지 드러나는 건 자랑스러움이었지만 한편 마음을 불편케 했다. 아들과 엄마가 공동체를 떠돌아다닌 건 2001년부터 두어 해 남짓한 옛일이니 시간에 따른 온도 차가 날 수는 있겠다.

사람은 무엇으로 사는가

우리는 당신의 머리카락이, 피부가, 옷이, 가구가, 차가 글러 먹었지만 쇼핑만 하면 괜찮아진다는 말을 하루에 3,000번씩 듣는다. 일을 하고 돌아와, 그것도 투잡 쓰리잡은 기본에 아르바이트까지 하고, 피곤해서 새로 산 소파에 털썩 쓰러져 텔레비전을 보는데, 당신은 글렀다는 광고를 보고 물건을 또 사고, 그 대금을 치러야 하니 더 열심히 일해야 하고, 집에 돌아오면 피곤해서 소파에 앉아 더 열심히 텔레비전에 매달리는데, 광고에서는 다시 마트에 가라고 부추기고…. '일-텔레비전-소비로 이루어진 어이없는 다람쥐 쳇바퀴를 돌고 있다. 그냥 멈추면 되는데 말이다.'(소비운동가 애니 레너드의 온라인 영상 'The Story of Stuff(물건 이야기)' 가운데서)

그런데 새 차, 새 집, 새 물건으로 날아갈 것 같은 기분은 얼마나 지속되는가. 모든 것은 낡기 마련이니 또 새것이 필요하게 된다. 아니면 유행이 지났거나 취향이 바뀌었거나 마음이 싱숭생숭해졌거나 이사를 해서 다시 손전화를 바꾸고, 차를 바꾸고, 냉장고를 갈고…. 이렇게 갈아치우는 것이 지속적인 행복이 아니라면 사람은 도대체 무엇으로 사는가.

텔레비전 말고도 SNS 말고도 여가의 종류는 많다. 명상하고 자연으로 가고 글을 음미하는 고전적인 방법이 아니어도, 인간에게 주어진 얼마 안 되는 평온과 고요함의 시간을 얼마든지 즐겁게 보낼 수 있다. 잠시 멈춰서 따져만 보아도 정신이 돌아오는! 남과 같이 소비하지 않으면 불안하고 외롭고, 내가 만드는 게 무언지도 모르고, 그리하여 분명 내 것인데도 생존을 위한 도구로만 전락한 내 손, 내 노동. 오슬로 대학, 박노자의 글 일부가 가슴을 쳤다, 낱낱이 파편화된 관계에서 '삼성공화국의 배부른 노예가 대부분인 기성세대'인데 수만 명의 십대가 온라인 게임의 중독자가 되는 것이 무엇이 놀라우냐고 덧붙이던.

아이들과 나는 인간이 가진 열정과 욕망에 대해 많은 얘기를 나눈다. 투철하진 않아도 산마을에 깃들어 살겠다고 생각했을 때 생태니 환경이니 하는 담론과 친할 수밖에 없었다. 흔히 생태적으로 살고, 의식 있게 산다는 것이 마치 열정과 욕망을 누르는 것이라 오해하기 쉬웠다. 그렇게 누르는 것이 우리를 정말 행복한 삶으로 끌고 가는가, 인간의 열정과 욕망은 얼마나 자연스러운 것이더냐, 그것이 인간을 진보케 하기도 했지 않느냐, 그렇다면 정말 무엇으로 우리가 행복하다고 느낄 수 있는가, 우리는 물어야 했다. 어떻게 살아야 한다는 선언보다 그렇게 따져보는 게 더 실제의 삶이니까.

산마을에서의 우리 삶에는 돈독한 관계가 있었고, 천착한 자기 일이 있었으며, 그 속에 애정이 가고 닦아나갈 잘할 수 있는 것들이 있었고, 의미 있고 가치 있는 목적의식이 있었다. 사는 게 뭐 그리 별스러운 일이더냐, 이만하면 되었다 싶었다. 그런 어른 틈에 아이들이 자라고 있었다.

◎•◎•◎

그때 십자말풀이에서 '무' 자로 시작하는 네 글자는 무엇이었을까?
한단이 외쳤다, "무빙세일!" 너무나 확실해서 다른 낱말은 있을 수 없다는 표정으로!
무빙세일(moving sale)에서부터 가라지세일(garage sale),

거리세일(block sale), 잡동사니 세일(rummage sale) …, 지역신문에 난 별별 벼룩시장을 다 다니며 살림을 채우던 때였다. 각 5달러에 샀던 텔레비전도 비디오도 있었다. 나 역시 무빙세일을 하고 시카고를 떠났더랬다. 여러 곳으로부터 집으로 들어오는 길을 따라 종이 발자국을 붙이고 풍선을 매달고 쿠키도 구워내며 그간 정을 나눈 이웃들에게 인사도 한 잔치였다.

오답을 네모 칸에 쓰려는 아이에게 낱말풀이를 다시 찬찬히 읽어보자고 하였다. 한단이 고쳐 또박또박 말했다.

"무/당/벌/레!"

내 몸과 마음 다루기

몹시 앓던 날들이었다. 슬기로웠던 어르신들은 몸이 아프면 당신의 생활을 돌아본다 했다. 몸은 마음을 넘지 못할 때가 많았다. 밖으로 하는 갈등이 정점을 찍을 때, 열심히 살았는데 삶에 무에 그리 잘못한 게 있다고 그리 억울한 일을 당하나 받아들이기 어려운 시간이었고, 그건 고스란히 몸으로 왔다. 쓰러져 한밤에 병원에 실려 가기도 했다. 용서할 수 없는 분노의 마음이 나를 몰아가던 시기였다. 두통은 도무지 감당할 수 없었다.
하루는 여덟 살 아이가 쫄래쫄래 뭔가를 들고 와 누워 있는 엄마 머리에 얹어주었다. 냄비를 올린 쟁반도 가지고 들어왔는데….

◎•◎•◎

스스로 생명을 관리할 줄 알았던 시절

3년 동안 다른 나라 공동체를 돌아다닐 때, 딴엔 긴장해서인지 그럭저럭 견딜 만했는데 긴 여행에서 돌아와 보니 내 무릎은 심각하게 상해 있었다. 대여섯 해도 더 되지 싶은 병력을 가진 이 녀석을 약 없이 치료해오던 참이었는데 걷기조차 힘들어지자 결국 MRI(자기공명영상)를 찍었다. 벌써 오래전이다.

쭈그려 앉아 하는 김매기로, 고기를 먹지 않는 식습관의 문제로 원인을 짚기도 했고, 발레를 하다 착지를 잘못해 꺾인 무릎의 기억도, 탈춤이며 살풀이며 오금질을 많이 한 까닭도, 전국체전까지 나간 마라톤 선수의 이력도 아픈 무릎과 무관하지 않았겠다. 가까운 선배들은 거리에서고 학교에서고 쫓겨 다니던, 엄혹한 시절을 보낸 젊은 날의 결과가 아니겠는가 말을 보태기도 했다.

연골이 보통 사람들과 다르게 생겼다는 걸 안 수확은 있었지만, 더 오래전 엑스레이를 통해 얻은 결과랑 크게 다르지 않았다. MRI가 더 미세한 많은 질병을 찾아내기는 하겠지만, 그것이 병원에서 으레 거쳐야 하는 절차가 되면서 막상 의사들이 질병을 유추하는 능력은 무디어지지 않았나 싶었다. 흐릿한 사진 한 장으로 그 속내까지도 다 읽어내던 기술은 이제 별반 쓸모없어지는가.

당신의 아주 좁은 전문영역에 대해서는 많은 지식이 있어야 할 테지만, 삶을 영위하는 데 필요한 다른 방대한 영역에서는 다른 전문가들의 도움에 맹목적으로 의존한다. 이들 전문가 역시 그들의 영역에 지식이 한정되어 있다. 인간 공동체의 지식은 고대 인간 무리의 그것보다 훨씬 더 크지만, 개인 수준에서 보자면 고대 수렵채집인은 역사상 가장 아는 것이 많고 기술이 뛰어난 사람들이었다.

유발 하라리, 《사피엔스》 가운데서

그리하여 이반 일리치가 《누가 나를 쓸모없게 만드는가》에서 말한 것처럼 우리는 '인간을 불구로 만든 전문가의 시대'에 살고 있나니, 나름 스스로 삶을 관리할 줄 알았던 힘은 영영 우리를 떠나버렸는가.

산마을에서 아이들을 데리고 있을 때 언제가 어려운지 꼽으라면 아이가 아플 때. 저 조그마한 게 얼마나 아플까, 차라리 내가 아프면 좋으련만, 시리고 안쓰럽기 한없다.

계절학교 중인데, 한 아이가 배가 아프다고 찾아왔다.

"엄마 너무 보고 싶지?"

집을 떠나 멀리 와 있는 어린것들이 부모가 얼마나 그리울까? 더구나 몸이 아프면 더할밖에. 정작 배가 아픈 게 아니라, 그리움이

배로 갔을 수도 있다. 그 헤아림만으로 아프던 배가 말짱해지기도 한다. 병명은 그리움, 처방은 가만히 안고 토닥여주기.

또 다른 병명은 화장실이 불편한 산골이라 참은 게 병. 어른들도 집 떠나 있을 때 화장실 사용이 편치 않다 공통적으로 호소하는 걸 들었다. 하물며 아이들로서야 더하지 않을까. 같이 화장실을 가주거나, 배변 활동을 돕기 위해 따뜻한 음료를 먹이거나, 재래식 화장실에 대해 가진 선입견을 재미난 옛이야기에 실어 날려버리거나.

그 모든 마음의 불편을 넘은 문진의 다음 과정은… 마음이 아니라, 실제 아픈 게 맞는다면?

"아까 계곡 가서도 봤지? 위에서 애들이 휘저어 흙탕물이 되어도 조금 흘러간 아래쪽에 맑은 물이 금세 나타나잖아!"

시냇물이 가진 자정력(自淨力)처럼 우리 몸도 그렇다고, 스스로 나아지는 힘이 있다 들려준다. 쉬면서 기다려보자며 "그래도 나아지지 않으면 약을 먹거나 병원에 가보자." 하고, 배도 쓸어주고, 따뜻하게도 해주고, 꿀물도 타 먹인다. 한숨 잠을 자고 난 아이는 어느새 운동장에서 뛰고 있다. 애초에 병은 약이 아니라 관심을 요구할 수도 있으니까, 특히 아이들은!

다음은 약을 먹는다. 그런데 산마을에서 일차적인 약은 음식이거나 자연물이다. '우리 몸이 자연에서 왔듯 그 몸을 낫게 하는 것도 그 안에 있지 않을까….' 출발은 그런 것이었다. 그래서 오랫동안 몸에 대해 공부하고 연구하고 자료를 찾아왔던 경험을 나눈다. 약재를 달인 물이며 효소를 권하거나 침을 놓기도 하고. 정 안 되겠는 때에야 비로소 마련해둔 상비약을 먹인다.

이 모든 과정은 의사를 만나기 전까지 일반인이 할 수 있는 처치다. 병원에 무작정 가기보다 몸을 좀 들여다보는 게, 또 마음을 함께 보는 게 먼저 필요하지 않겠냐는 의견이다. 균형 있게, 혹은 자기 생각대로 시도하고 실천할 수 있는 길이 있지 않겠는지. (이 모든 건 병원부터 달려가야 하는 응급상황을 말하는 게 아님!)

민간요법 같은, 꼭 의사가 아니더라도 본인이나 제 식구들 건강을 집안에서 일정 정도 책임지던 광경이 그리 먼 옛것도 아니다. 사람이 나고 죽는 그 엄청난 경험의 세계가 병원으로 들어감으로써 우리가 익히 알아왔고 자주적이었던 한 세계를 고스란히 잃어버리고 말았다. 이제 더는 태어나는 아이를 받아낼 줄도 모르고, 식구 하나가 또 다른 세계로 넘어가는 죽음의 귀한 과정에서 제 손으로 할 수 있는 재주 따위는 병원 담 밖에 거의 남아 있지 않다.

내 몸에 있던 나쁜 독소 빼내기

"어떻게 안 먹어? 나는 저기 지나오다가 빵 냄새만 맡고도 안 먹을 수가 없어 사 먹고 오는데…."

"나는 한 끼만 굶어도 팔이 떨리고…."

해마다 봄가을로 닷새 혹은 이레씩 단식을 한다 하면 다들 그러신다.

"뺄 살도 없구만…."

"살을 빼려는 게 아니면 그런 걸 왜 해?"

냉장고나 세탁기는 쓰다 바꿀 수 있지만, 별일이 일어나지 않는 한 우리는 태어날 때의 그 몸으로 평생을 산다. 그래서 먹는 것이 중요하고, 그래서 몸을 챙기는 일이 중요하다.

단식은 몸과 마음을 단련할 수 있는 아주 오랜 방법이다. 인류는 종교 안에서 신과 하나 되기 위해서, 헌신, 기부, 참회, 기도로 또 질병 치료로, 마음의 치유로, 명상을 위해서, 어떤 땐 정치적 투쟁 방식의 하나로도 오랫동안 단식을 해왔다. 그것은 동물들이 병을 치료하는 방법으로도 익히 알려져 있다.

물꼬에서도 수행법의 하나로 단식을 한다. 게으르고 엉성해진 생활습관 속에 너무 많이 먹거나 치우친 영양이 쌓인 몸 안의 독소를 쓸어내고 그곳에 맑은 영성을 부으면, 배의 공간이 차츰 줄고 비어진 몸통으로 청량한 기운이 들며 몸에 큰 전환기가 오는 것을 느낄 수 있다.

일상적인 활동을 그대로 하며 단식을 진행하는데, 수행으로 아침을 열고 오전 오후 세 시간 정도씩 노동을 하며 저녁에는 책을 읽거나 명상한다. 무엇보다 좋은 조건은 이곳이 도시 한가운데가 아니라 산중이라는 것이다. 단식을 하기 전 중요한 일들을 먼저 처리하고 장을 청소한다. 이 시간이 주는 가장 큰 혜택은 너절하게 일상에 널린 것들을 정리하는 좋은 계기가 된다는 것.

단식을 하고 있으면 몸의 좋지 않은 부분이 올라오기도 한다. 그럴 땐 당황하지 않고 굳건히 해나가면 그 증상들도 이내 사라진다.

한단도 열세 살의 가을 끄트머리, 단식에 처음으로 동행했다. 이레 단식까지는 무리이고 사흘을 예정하고. 아이가 몸속에 독소가 있다면 얼마나 있겠고, 생활이 방만하다면 무엇이 또 그럴 게 있을까. 그저 잘 먹고 잘 자고 기분 좋게 지내면 건강한 것.

한단은 배를 비우는 경험도 경험이지만, 사실 살을 좀 빼볼까 하는 불순한 목적도 있었음을 부인하지 않았다. 오랫동안 봐온 엄마의 단식이 궁금해서도 함께한 아이는, 그걸 인터넷 뉴스 매체에 써서 원고료도 벌고, 사람들이 기특하고 애썼다며 맛난 거 사 먹으라고 보내는 응원의 용돈을 받기도 했다. 별일이라곤 드문 산골에서 오랜만에 부산하고 즐거운 사건이었다.

'단식을 하고 나니 먹을 것을 귀하게 여기게 되고, 내가 잘 먹고 살았다는 생각이 들었다. 또 내 몸에 있던 나쁜 독소와 음식물을 쫙 뺐다는 사실이 너무 기쁘고 몸이 가벼워서 매우 좋다. 단식을 할 때는 다시는 단식을 안 하고 싶었지만, 지금은 다음에도 단식을 꼭 하고 싶다.'

11. 6. 흙날. 맑음 / 열세 살, 한단의 날적이 〈보식 셋째 날(몸무게: 59.5kg)〉 가운데서

21일 동안까지 단식을 해 보았다. 먹지 않는 건 어렵지 않은데, 정작 회복식을 먹는 시기가 어렵다. 곡기가 들어가는 순간 걷잡을 수 없는 식욕이 인다. 이때야말로 자신의 인간적인 한계에 실망이 반복되는 시기. 열이면 열 다 기껏 단식 잘하고도 실패한다는 얘기가 바로 거기서 나오는 것이다. 이레 단식이라면 앞의 이레는 식사량을 줄여가고 뒤의 이레는 반대로 늘려야 하는데, 이 회복식 시기가 최대 난관인 거다. 그래서 식사 조절량 그래프를 만들고 지켜볼 필요가 있다. 한단도 미리 그래프를 그려서 붙여놓고 '본 단식' 사흘 앞뒤로 사흘씩 먹는 양을 줄여가고, 늘려갔다.

단식 땐 미뤄두었던 책을 읽기도 하고, 단식 보조운동으로 몸도 단련하며, 뭐니 뭐니 해도 느리게 움직이며 깊은 사색의 시간을 갖는다. 무엇을 먹고 살았는가, 어떻게 살아왔는가를 물으며 삶에 쉼표를 찍어주고 새 생에 대한 다짐도 하는 성찰의 시간!

어려움만큼만 어려워하기

물꼬에서 꾸리는 일정 중 우리들이 하는 활동은 잠과 벌이는 사투일 때가 많다. 공간의 불편을 사람의 몸으로 메우는 곳이기에 더욱. 특별히 수행 일정일 때는, 절에서처럼 이른 시간 아침을 열기가 젊은 사람들이 쉽지가 않다. 그럴 땐 다른 생각이 끼어들기 전 일어나버리는 것도 방법이다. 그래서 밤에 자러 가는 이들 뒤에다 외친다.

"싹, 하고 일어나기!"

눈을 뜨며 일어날까 말까 망설이는 순간들이 있다가도 참가자들은 그 말을 제 입으로 반복하며 일어난다 했다.

청소년모임에서 선배들이 후배들에게 일상의 경험을 전할 때 한단은 그런 말을 했다, 빈둥거리지 않고 뭔가를 하자고. 때로 일없이 있는 것도 의미를 지닐 때가 있으나, 뭘 할까 말까 망설일 때는 이불을 박차라고. 그렇게 움직이면 하게 되고, 하면 실력이 되더란다.

내가 초등특수교육과 유아교육을 전공하던 때는 마흔이 넘었을 즈음이다. 체육수업에서 앞구르기 · 뒤구르기와 뜀틀을 해냈을 때, 같이 수학하던 젊은 친구들이 그랬다.

"저희 어머니랑 비슷한 연배신데, 몸이 더 젊으신 것 같아요."

몸을 너무 많이 써서 10년은 나이를 더 먹은 몸이라는 의사의 진단을 듣기도 했지만, 나는 일상에서 꽤 가볍게 몸을 쓰고 있었다.

"부지런하신가 봐요."

"대단하세요, 이 큰 살림을…."

"이 불편한 곳에서…."

산골로 와서 사는 꼴을 둘러본 사람들이 흔히 그런다. 나이를 좀 먹은 엄마들이고 보면 눈이 밝아 그 반응은 더 크다. 이 산골 큰 살림에서, 그것도 오랫동안 어떻게 살아냈냐고. 글쎄 무엇으로 살았을까? 대단한 의지? 설마. 대단한 신념? 무슨! 아니면, 대단한 체력? 글쎄.

물꼬에 사는 큰 매력 하나는 수행이다. 그 무엇보다 아침수행인 '해 건지기'. 떠오르는 해를 따라 사는 것도 필요하고, 반면 자기가 의지를 가지고 해를 건지듯 하는 자주적인 생각도 필요하다. 균형!

수행이라고 별건 아니고 그저 수련과 명상. 여름에는 남방 요가 같은 것들로, 겨울에는 북방 국선도 같은 종류로 몸 수련을 하고, 대배 백배를 하고, 명상하기(더하여 밖으로 나가 걷거나 침묵 속에 풀을 뽑기도). 사람들이 있을 땐 같이 하고 서로에게 어떤 생각 혹은 변화가 있는지 나누는 시간을 갖는다. 그게 전부다. 특히 바닥에 온몸을 엎드리는 대배는 우주에 깔린 절대적 힘에 대한 경배이고, 삶에 대한 온전한 엎드림이며, 타인에 대한 겸손이고, 바닥에서도 기어이 일어나고야 마는 의지를 절 하나의 순간마다 연습하고 기억하는 시간이다.

게으름이 들 때도 있다. 하지만 하면 좋은 줄 아니까 하게 된다, 몸이 안 좋은 줄 아니까 안 하는 어떤 것들처럼. 그 힘이 또 나날을 밀고 가더라, 너무 아무것도 아니어서 다소 밋밋하게 들릴지도 모르겠지만.

뭐니 뭐니 해도 최고의 수행은 일 혹은 일상을 통한 수행이라 하겠다. 몸의 움직임과 함께하는 마음 살피기는 자전거를 타거나 운전을 하는 것처럼 몸에서 잘 지워지지 않는 습관이 된다. 어디를 떠나지 않아도 할 수 있는 여행처럼 꼭 앉아서만 하는 게 명상이 아니라 무언가에 집중하면 명상이 되는 것이다. 아이들과 그래서도 일을 했다, 자신부터 평화가 되어 우리 사는 세상을 평화롭게 하자고.

◎•◎•◎

그날 일곱 살 아이는 머리에 열이 있다는 엄마한테, 두부를 으깨고 밀가루를 섞어 면 수건에 말아 왔다. 열이 나면 저가 먼저 엄마한테 쫓아와 붙여달라던 약이다. 엄마가 없으면 꾸역꾸역 일어나 혼자 붙인 적도 있던, 열을 먹는다는 민간요법.

김치국밥도 들고 왔다. 겨울에 아이가 앓아누우면 엄마는 김치국밥을 끓였더랬다. 콧물 훌쩍이던 저도 시원하고 매콤한

김치국밥을 후후 불어가며 땀 흘려 먹고 거뜬히 일어나곤 했다. 제철에 먹는 음식보다 더 좋은 약이 어디 있겠는가.
몸을 쉬고, 마음을 편히 두고, 따스운 곡기를 넣고, 이만하면 훌륭한 병상이다. 설거지며 집안일을 엄마 대신 하는 아이가 병원보다 더 가까웠다.

몸에 대한 관심이 한단을 의대로 가게 한 건 아니다. 커가며 엄마랑 양방과 한방에 대한 생각 차가 벌어지기도 하고, 통증을 두고 선택하는 해결법이 전혀 다르기도 했다. 하지만 우리는 아픈 몸을 통해 자신의 생활을 돌아보는 공통점이 있었다. 지금 나를 둘러싸고 있는, 그것을 살고 있는 자신의 몸과 마음을 살피는 일, 아프면 그게 먼저였고, 그것은 저도 나도 어떤 문제를 들여다보는 데 도움을 주었다고 생각한다. 어려운 시간 앞에 섰을 때 그 문제를 그 문제의 어려움만큼만 여기게 하는 데도!

마치 아무 일도 없던 것처럼

'저번 날에 여기서 생일을 보냈는데요….'
교환학생으로 영국에 가 있던 물꼬의 품앗이샘(자원봉사자) 하나가 글월을 보내왔다. 초등학교 2학년 때부터 방학이면 와서 머물던 그는 청소년기를 거쳐 스물네댓 살이 되도록 15년여 물꼬에서 여러 계절을 보냈다. 그저 새로운 마음으로 하루를 시작해야지 했던 생일에 물꼬에서 보낸 날들을 생각하며 시간을 들여 꼼꼼하게 청소했다는 편지였다(물꼬에 오면 청소를 한다, 그것도 많이, 오래, 정성스럽게).
'어차피 아는 사람들 오고 또 사람들 와서 같이 청소할 건데 왜 이렇게 하나 싶었는데, 청소는 그 사람들을 위해서가 아니라 나 자신을 위해서 하는 거였구나' 싶더란다. 자신을 정돈하는 느낌이

들었다고. 청소뿐만 아니라 다른 행동 하나하나도 사실 다른 이를 위해서가 아니라 자기를 위해, 자신에게 떳떳하기 위해 정갈할 필요가 있다는 생각이 들었다 한다.

그 어느 때 물꼬의 일정 하나를 마치고 돌아가던 그가 쓴 글에는 이런 구절이 있었다.

'물꼬에서 나는 정성스럽게 살고 평소에는 열심히만 산다.'

우리가 물꼬에서 보냈던 시간은 무엇이었을까? 한단은 물꼬 학생 구성원은 아니었더라도 그 언저리에서 늘 함께 있었다.

◎•◎•◎

정성과 배려와 책임

춥고 덥고 낡고 불편한 산골 깊숙한 물꼬로 사람들이 오면 저들은 도대체 왜 모이고 무엇을 하는가, 궁금해들 한다. 잠깐 다녀가는 이는 한 번쯤 그럴 수 있다지만, 같은 얼굴이 줄기차게 긴 세월에 걸쳐 모이니까. 아이였다가 중·고생 자원봉사자(새끼일꾼)로, 대학생 자원봉사자(품앗이일꾼)로, 일반인 봉사자로, 그것도 자기 주머니를 털어 물꼬 살림을 보태가며 모이니 무슨 종교집단도 아닌데 뭔가 하며 퍽 의아해들 한다.

"물꼬는 뭘 가르쳐요?"

가르친다기보다 물꼬에서 뭘 하는지는 대답할 수 있겠다.

"마치 아무 일도 없던 것처럼!"

물꼬에서 우리들이 제일 많이 입에 달고 사는 말이다. 우리, 그거 한다.

건물과 건물 사이를 이어 중앙현관으로 쓰는 물꼬 교사(校舍) 들머리는 좁다. 벗어놓은 신발은 차이기 쉽고 밟히기도 곧잘. 아이들은 신발장에 신발을 넣는 걸 기본으로 하지만 오가는 마음이 바쁠 땐 통로에도 둔다. 그런데 그 신발들은 한쪽 끝에서부터 벽 쪽으로 가지런히 다 붙어있다.

그건 교사들이 먼저 했던 일이다, 마치 아무 일도 없던 것처럼. 어느새 아이들도 그렇게 한다. 가지런한 공간은 그것에 대한 긴장감을 만들어 처음 오는 어린아이도 함부로 물건들을 흩어놓지 않는다.

"마치 아무 일도 없던 것처럼!"

밥을 먹고 난 가마솥방(식당)에서도 들리는 말이다. 의자를 밀어 넣지 않고 나간 아이에게 다른 아이가 던지는 말이거나, 그 아이 스스로 얼른 알아차리고 의자를 넣으며 하는 말이거나. 화장실 가는 사람 마음이 더 바쁘니 그 마음 살펴 들어가는 방향에 맞춰 신발도 반듯이, 마치 아무 일도 없던 것처럼.

책방 한 켠에는 어른공부방이 있다. 어른들끼리도 자주 읊조리며 정리한다, 마치 아무 일도 없던 것처럼. 아이들이 보고 배우니까.

아이들은 책도 그렇게 한다. 고르고 빼고 읽고 다시 집어넣는다, 마치 아무 일도 없던 것처럼.

그것은 순간순간을 정성스럽게 살려 애쓰는 지향이고 훈련이다. 늘 긴장하면서 살 수는 없지만 순간순간이 모여 나를 이루지 않던가. 문을 열었으면 닫아야지, 피아노를 쳤으면 덮개를 덮고 뚜껑을 닫고 의자를 밀어 넣어야지. 자잘한 일상의 정성과 습관이 결국 자기 생을 뜻한 바대로 이룰 수 있게 하지 않을지. 모든 일이 그렇듯 뭐든 하면 는다. 마치 아무 일도 없던 것처럼, 그러다 보면 더 가지런해질 수 있지 않을까.

그것은 돌아본다는 의미이기도 하겠다. 내가 앉았다 일어선 자리를 돌아보기, 치운 자리도 다시 보기, 내 자리 보기. 그건 꼭 공간에 대한 의미만은 아니다. 시간을 뜻하기도 한다. 시간마다 활동을 되짚어보는 것도 그렇고, 하루를 돌아보는 것도 마찬가지다. 성찰에 대한 이야기이겠다. 공부(학습)도 우리 머리 안에 그렇게 정리하는 일이 아닐지.

또한 그것은 배려의 이름이기도 하다. 예컨대 밤참이라도 먹는다면 다음 날 아침 밥상을 준비하러 부엌으로 들어오는 이가 가뿐하게 일을 시작하도록, 덜 힘들도록, 마치 아무 일도 일어난 적이 없는 듯 해두기.

우리가 하는 활동의 끝은 늘 그렇게 찬찬히 돌아보는 청소다.

그것은 우리가 공간을 썼기에 정리하는 것을 넘어 이곳을 또 쓸 다른 누군가를 위해서라는 확장의 개념이다. 내가 늘어놓은 거 내가 치우는 것을 넘어 타인을 향해 무언가를 나누고 있을 때 주는 기쁨이 거기 기꺼움으로 함께한다.

마치 아무 일도 없던 것처럼, 그건 책임에 대한 말이기도 하다.

"삼풍백화점이 무너졌던 이유 하나도 책임지지 않은 개인의 불성실이 빚어낸 결과 아닐까요? 환경이 이 지경이 된 것도, 정치가 저 지경이 된 것도 누구도 책임지려 들지 않아서 더 그런 거 아닐까요."

물꼬의 해우소(화장실) 이야기가 같은 의미이겠다.

"우리 눈에 보이지 않는다고 똥오줌이 없는 건가요?"

물꼬에서는 똥오줌을 발효시켜 거름으로 만든다. 찌꺼기의 마지막까지를 지켜보는 셈이다. 쓰레기도 그렇다. 내 집을 말끔히 청소하고 쓰레기를 묶어냈다고 해서 그 쓰레기가 사라지는 건 아니다. 여전히 지구 위에 있다.

물꼬에서는 그 마지막까지를 어떻게든 우리가 책임져보려 한다, 마치 아무 일도 없던 것처럼! 아껴 쓰고 나눠 쓰고 바꿔 쓰다가 여러 차례 '되살림터'라는 곳으로 돌아가 다시 쓰인다. 그리고 그보다 앞서는 덜 쓰기, 안 쓰기!

모든 물건에는 이면이 있다

물꼬에서는 청소를 할 때도 어김없이 들리는 말이 있다.

"모든 물건에는 이면이 있다!"

보이는 곳만 청소하기 쉽다. 방바닥을 닦자면 너르게 보이는 바닥만 전부인 듯하지만, 공간을 이루는 곳에는 가장자리가 있고, 창틀과 선반이 있고, 가구 밑도 있다.

설거지도 그렇다. 가끔 아이들이 한 설거지를 보면 그릇의 안쪽만 닦여 있다. 그러면 아이들에게 뒷면을 보여준다.

"모든 물건은 뒤를 가지고 있어!"

설거지의 마무리는 행주로 개수대의 마지막 물기를 닦고 찌꺼기를 버리는 것, 마지막으로는 행주를 잘 빨고 꼭 짜서 탁탁 털어 반듯하게 널기.

청소도구함은 문으로 혹은 커튼으로 가려져 있기에 '이면'에 대한 좋은 예다. 청소의 끝은 청소하는 도구를 넣는 곳까지 가지런하게 정리하는 것. 쓰레기통 또한 더러워지기 쉬운 곳이다. 쓰레받기에 쓸어 모은 쓰레기를 정작 통에 버리면서 흘려 그 둘레가 다 쓰레기지구가 되어버리고는 한다. 그래서 쓰레기통이므로 쓰레기라고 오해받는다. 하지만 쓰레기통은 쓰레기를 담는 그릇이지, 쓰레기가 아니잖은가.

"청소의 핵심은 '후미진 곳!', 구석진 곳을 밝히는 것. 모든 물건에 이면이 있듯 공간도 그렇지요. 구석을 잘 치워내기."

하지만 일은 이 나이의 젊은이들에게도 익숙하지 않은. 치워낸 곳에 거미줄이 그대로 있거나, 구석에 먼지가 고스란히 혹은 청소도구가 제자리에 가지 않기도.

언젠가 이 시대 젊은 친구들이 손끝이 맵지 못하더라 하니, 한 샘이 그랬었다. 문서나 이런 것에 깔끔할지라도 일은 익지 않았으니 그럴 수 있겠다고.

그렇겠다. 해 본 경험이 많지 않을 것이니. 이곳에서 일을 통해 배움을 엮는 한 까닭이기도 하다. 하여 교사연수에서도 일을 또 중요한 한 과정에 놓기도 하는.

"일은 일이 되게!"

일이 되었더라. … 그렇게 청소를 하는 정성으로 아이들을 하늘처럼 섬기는 물꼬.

9. 3. 흙날. 화창! / 날적이 〈생태교육연수 여는 날〉 가운데서

아이들을 이해하는 것도 그렇다. 아이가 지금 하는 행동에는 분명 이유가 있다. 그 행동 이전 어떤 일이 있었을 테다. 지금 보이는 면은 또한 다른 면을 가지고 있다. 아이들끼리 하는 갈등을 들여다볼 때도 마찬가지다. 눈에 보이는 싸움 이전 갈등으로 온 배경이 있

을 테고, 그 너머엔 또 아이마다 가진 사연이 있을 테다.

물꼬에서 청소는 교사로서도 좋은 훈련의 장이 되었던 듯하다. 그건 사람으로서 타자를 이해하는 과정으로 넓혀지기도 하고, 당연히 엄마로서 아이를 이해하는 과정에도 도움이었으리.

시나브로 쌓아가기

산마을에서 이웃의 할머니, 할아버지가 친구에 가까운 한단은 동네 한 바퀴 돌고 들어와야 하루 일과를 마치는 거였다.

한날은 마을 한 할머니 댁을 들어서다 한가득 쌓인 나무를 보고 놀라서 왔다. 경운기로 실어 오거나 트럭으로 운반한 게 아니라, 할머니가 하루에 한 번 산기슭에 가 두어 개씩 끌고 온 것들이다. 날마다 조금씩 해나간 것이 쌓인 시간, 모르는 사이 차차 해나가는 일의 무서움이 그러할지니. 조용히 몇 걸음이라도 뚜벅뚜벅 걷는 일의 위대함이려니. 북산에 살던 아흔 살 우공이 마침내 집 앞에 있는 칠백 리, 만 길 높이의 태행산과 왕옥산을 옮기고야 말았던 우공이산(愚公移山)에 다름 아니다.

입춘이 지난 지 여러 날이나 이제야 봄 입김 흐르는 듯하여 아이더러 입춘첩을 쓰지 않겠냐 하였습니다. 오랜만에 잡는 붓이라고 연습부터 좀 하겠다는 아이, 먹을 갈고 있었지요.

정자를 썼던 아이의 글씨체가 한 해 사이 흘림체로 바뀌었습니다. 학기 중 주에 한 차례 읍내 도서관에서 어른들 틈에 익혀오던 일입니다. 날마다 조금씩 쌓아가는 일이야말로 참으로 무섭습니다.

그래서 저축하는 놈과 공부하는 놈은 당해낼 재간이 없다지 않던가요. "많이 늘었구나…."

2. 21. 달날. 맑음 / 날적이 가운데서

어릴 적, 아니, 꽤 커서도 나는 해마다 해일이 덮치는 마을에 사는 이들을 이해하기 어려웠다. 언덕으로 이사하지, 왜 가지 않고 여전히 거기 사느냐 말이지. 그건 그곳이 그들의 삶터이기 때문이었다. 숙명 같은 거.

자연에 사는 물꼬 삶이 늘 좋기만 했을까, 또 좋다고 해서 힘이 안 들었을까. 하지만 혹독한 겨울 앞에 벌벌거리면서도 떠나지 않고 살아간다. 끊임없이 몸놀림을 요구하는 고단에서도 산골을 지키고 산다. 돌아보니 쉬운 날이 없었다, 평이해서 쉽게 보이는 문장이지만.

남편은 아내에게 늘 그랬다,

"아이고, 우리 불쌍한 마누라."

그리 살지 않아도 되는데 산골 들어가 고생하고 산다고 안타까워한다. 그럴 때면 한단이 곁에서 덧붙인다.

"아버지, 어머니가 뭐가 불쌍해요? 하시고 싶은 대로 다 하시면서 사는데."

그러면 내가 얼른 대꾸한다.

"한단, 하고 싶은 대로 하고 산다고 힘든 게 힘들지 않은 건 아니거든."

그렇게 살 수 있었던 건 그저 날마다 건너왔기 때문이었다. 그것 자체가 우공이산이었고, 아이도 그렇게 곁에서 살았다.

내가 옮긴 산

… 아이는 자주 말해왔다.

지금 열심히 하는 것은 성실의 문제이고, 이 성실은 무슨 일을 하거나 좋은 바탕이 될 거라고, 열심히 하면서 세상살이를 또한 공부 중이라지.

수시를 쓰면서 여러 전형 앞에 이게 다 무엇인가, 이러니 정보 부족으로라도 지방 명문고들이 무너질 수밖에 없겠네, 부모 정보력을 동원할 수 없는 아이들은 또 어쩌란 말이냐, 그러다 결국 줄 세우기로 회귀하자란 생각이 들고는 하였는데, 아이는, 아니란다. 하려 들면 얼마든지 해낼 수 있는 구조가 학교이고, 하려 드는 놈은 얼마든지 할 수 있다는 게 아이의 주장이었다.

공부는 누적량의 문제이고, 공부라고 한 게 없다가 학교를 다니면서 그게 쌓여가자 성적도 오를 수 있었던 거란다. 결국 성적은 기나긴 노력의 산물. 본인의 의지와 노력이 제일 중요하다는 거다.

결국 자발성의 문제란 말일 테지. 그렇게 또 아이로부터 배우는 시간이었다. 뜨겁게 자신 앞에 놓인 길을 가는 것, 쓰잘데기 없는 공부를 그토록 해야 하느냐 핀잔이기 일쑤이다가 그 세계에서도 아이들은 저들대로 건강하게 삶을 배우고 있구나, 가슴이 데워졌다.

오늘은 교장선생님이 불러 격려를 했다는데, 담임선생님의 헌신부터 여러 어른이 그리 살펴 아이 하나를 또 기르고 있다.

나도 열심히 살아야지, 오늘 날적이는 그렇게 끝난다.

9. 24. 흙날. 하루 내내 화창하기가 드무네 / 날적이 <자발성> 가운데서

아침마다 대배 백배를 한다. 고단한 날은 쉽지가 않다. 마음이 흩어지는 날도 쉽지가 않다. 그런데 어떻게든 그 끝에 이른다. 사는 일도 그렇더라. 어떻게든 우린 그 끝에 이를 것이다. 아무리 끝없어도 죽음을 넘지는 못한다. 끝이 보이지 않은 산골 삶을 살아내는 일에도 그게 위로가 된다. 밭에서 풀을 맬 때도 그렇다. 너른 공간을 청소

하고 있어도 그렇고, 수십 명 먹고 나간 설거지를 하고 있어도 그렇다. 그렇게 옮긴 산이 수십 개다.

나는 첩첩산중에 산다. "내가 옮긴 산이야." 물론 농이다.

자신이 지향하는 가치를 향해 먼저 살아가는 게 가장 쉬운 교육임을 나는 안다. 알려진 한 교육자는 청소에 대한 다른 견해를 내놓기도 했다. 일부러라도 어질러진 것들이 아이들을 자유롭게 하고 당신 아이들의 예술적 감수성을 키우는 데 큰 몫을 했다고. 그 또한 그가 생각한 대로 살았고 그의 자식들이 그렇게 자랐다. 어떤 주장이든 어느 쪽으로 과하지 않고 균형을 찾을 수 있다면 금상첨화.

나는 '이리' 살았고, 당신은 또 당신대로 '그리' 살겠지. 생각하기를 놓지 않고 그 생각대로 살아가면 될 일이다.

◉•◉•◉

열일곱 살 2월의 마지막 날, 고등학교 입학을 앞둔 한단은 기숙사로 떠나기 전 자기 집을 꾸리는 시간보다 물꼬 청소가 길었다. 특히 교무실을 세세하게 치웠다, 마치 아무 일도 없던 것처럼! 다른 공간이야 사람들이 오가며 정리하기도 하지만 교무실은 거의 엄마가 청소하는 곳이니 남겨진 이에 대한 헤아림이었을. 그런 마음도 산마을에서 보내며 길러진 것이겠다.

허용과 불허, 그 경계에서

아이 돌이 지난 지 몇 달 채 되지 않았을 무렵, 새로운 학교 운동을 하며 도시공동체를 실험해오던 나와 내 동료들은 산골 폐교로 활동을 넓히는 한편 마포구 연남동에서 동대문구 이문동, 다시 종로구 가회동으로 서울 '물꼬'를 옮겨야 했다.

열도 넘는 대식구가 이사를 했다. 이편에서 짐을 싣고 이삿짐을 실은 트럭을 보낸 뒤 사람들은 대중교통으로 이동해 저편에서 짐을 부렸다. 짐을 들여놓자마자, 짜장면을 시켰다.

몇 젓가락이나 먹었을까, 엄마 앞에 앉은 아이가 그릇에 손을 쑤욱 집어넣었다. 아이 엄마도 거의 동시에 그런 아이에게 손을 뻗었는데….

◉•◉•◉

아이이지 않았던
어른은 없다

인권위 '노키즈 식당은 아동 차별'

- 13세 이하 아동 식당 출입 전면 금지는 합리적 이유 없어 -

국가인권위원회는 파스타, 스테이크 등 아동들이 선호하는 음식을 판매하는 A식당에서 13세 이하 아동의 이용을 일률적으로 제한하는 것은 나이를 이유로 한 합리적인 이유가 없는 차별행위라고 판단하고, 사업주에게 향후 A식당의 이용대상에서 13세 이하 아동을 배제하지 말 것을 권고했다.

국가인권위원회, 2017.11.24.

평소 제목만 보는 뉴스도 제 관련한 일이라면 다르다. 2014년께부터 등장한 노키즈 존은 2017년 11월의 인권위 '권고사항'으로 잠시 시끄러웠다. 인권위의 판단은 강제력을 갖지는 않지만 후속 법령들에 영향이 적지 않으니.

이때 구태여 원문이 실린 사이트를 찾아갔다. 발표를 요약하는 데부터 강한 해석을 담아 논란을 가속화하는 측면이 없잖았기 때문이었다. 심하게는 분열을 조장하는 느낌까지 들었다. 각자의 처지, 그러니까 아이 쪽 부모, 다른 고객, 업주의 권리 주장이 팽팽했고, 논리를 가장한 감정이입 또한 그만큼 갈라져 있었다. 아이를 대동하고 식당에 가려는 부모, 지불한 비용만큼 서비스를 누리려는 타 고객, 이익 창출의 목적을 달성하겠다는 업주, 그 각각의 권리가 충돌하는 기사는 넘쳤지만 누리는 자유가 어떻게 조화를 이룰 수 있는지 말하는 글은 드물었다.

우리도 한때는 불완전한 아이였다. 그 시기가 없는 인간은 단 하나도 없다. 내가 자라는 동안 내 곁에는 더웠거나 아팠거나 불편해서 울었을 나를 받아준 어른들이 있었다. 앞의 쟁점들에서 내 무한한 아쉬움은 바로 그런 시선에 대한 안타까움이었다. 그것은 각자 제 처지를 주장하기에 앞서 서로 애쓸 부분을 더 생각해야 하는 문제였다.

부모는 다른 고객에게 마땅히 미안해하면서 좀 더 엄격하게 아이를 달래고, 다른 고객들은 참기도 하고 함께 아이를 보호해주기도 하며, 업주는 다른 고객에게 양해를 구하고 아이 부모에게는 '정중하게' 아이 돌보기를 요청하는… 사람살이가 그렇게 서로의 호의와 선의에 기대서 가는 거 아니던가. 우리 아이들도 그런 세상에 살면 좋지 않겠는지. 우리가 이런 문제를 어떻게 해결해나가는가를 보는 대로 아이들도 그리하게 될 것이다.

노키즈 존 문제는 평행선을 달릴 게 아니라, 우리 모두에게 반성을 요구하는 사안이었다. 돈의 가치로만 보려니 사람이, 아이들이 안 보인 건 아니었는지. 이 문제는 누구보다 부모가 아이에게 어디까지 허용할 것인가 하는 숙제를 안은 일이기도 했다.

나는 일의 특수성(같은 일을 하는 사람들이 공동체로 같이 사는) 때문에도 그랬겠지만 아이를 곁에 눕혀놓고 동료들과 회의를 했다. 우리 모두 그 아이의 양육자였기 때문에 어느새 아이 이야기로 빠진 주제를 자주 제자리로 불러와야 했고, 깨어난 아이를 들여다보느라고 또 회의가 중단되고는 하였다.

그때 우리가 동의한 것은 우리가 얼마나 중대한 일을 한다고 우는 애를 돌봐주지 못하겠냐는 것이었다. 부모들이 모여서 얘기들을 나눌 때, 자꾸 말 시키는 아이를 야단치는 게 능사라 여기고는 한다. 그런데 우리가 아이에게 대답을 못 할 만큼 그렇게 중요한 이야기를 하고 있었나?

물론 동시에 우리는 때로 남의 말을 끊어서는 안 된다는 것, 제 말을 삼키는 것에 대해서도 아이에게 알려주어야 할 테지. 그래서 또 균형을 말하게 된다.

아이의 소란이 일으키는 갈등에 대해 한단이 어릴 적 엄마로서 내가 선택한 방법은 자발적 고립 같은 거였다. 만 세 돌 직전까지 웬만하면 아이를 대동하고 남의 집에 가지 않았다. 남의 집에서 우리

집처럼 지낼 수는 없으니까. 분명 하지 말라고 말해야 하는 상황이 생길 가능성이 크니까. 물론 우리 안에서 같이 아이를 키워준 동료들로 충분한 관계가 있기도 했고, 나들이 한 번이 쉽지 않을 만큼 물꼬 서울살이가 바빴던 이유도 있겠지만. 또 다른 부모는 또 다른 지혜로운 방법을 찾으실 테다.

아이들은 자라 청년이 된다

"누가 대학을 돈으로 다녀? 지가 알아 다녀야지!"

아이에게 내가 그리 말하면 그 말이 땅에 떨어지기라도 할까 남편이 얼른 받았다.

"한단, 걱정하지 마, 아버지가 있어!"

어렵게 대학을 다녔고, 또 유학했던 남편은 누가 잠깐만 도와주면 좀 수월하겠다, 하는 생각을 오달지게 했더란다. 그래서 아이는 그런 걱정 없이 공부하게 하고 싶다 했다. 더구나 중학교까지 학교도 안 다니고 고등학교 3년 겨우 다녔으니 그동안 든 것도 없는데 대학 정도는 보내줄 수 있다고, 의대는 공부량도 많고 바쁘다니 차라리 시간을 공부에 더 쏟는 게 맞지 않겠냐고.

오늘을 살아가는 한국 청년들의 삶이 만만찮다. '단군 이래 최대 스펙'과 취업의 불일치 말고도 다양한 문제와 마주하고 있다. 그리고 그들의 문제는 그들의 것만도 아니다, 지역적으로도 세대적으로도. 특히 실업은 전 세계적인 문제이다.

청년들은 하나의 불평등이 다른 것의 불평등으로 깊어가면서 N포(抛)한다. 빈부격차를 행복격차로 대물림 받고, 이 사회에서 가장 값싸게 노동을 제공하고, 그런데도 먹는 것은 부실하고, 사회적 대화에서도 배제된다. '헬조선'에서 기성세대가 만든 무한경쟁 속을 달리다가 쓰러지거나 스스로 사라져도 그 흔한 인터넷 뉴스의 기삿거리도 못 된다.

이것은 일자리 정책만의 문제가 아니며, 단순히 숫자만도 아니다. 한 사람의 존재의 문제, 삶의 문제다. 우리 아이들도 자라 곧 그 청년 세대에 이른다. 그리하여 이 시대 아이들은 초등생부터 일찌감치 공무원시험 준비자가 되었다.

물꼬에서는 청년들과 함께하는 작업이 적잖다. 물론 이 시대 거친 공간으로 자원봉사를 떠나온 청년들이 전체 청년 가운데 절대적 수는 아니다. 불편을 감수하고도 자기 시간과 공을 쏟으러 오는 정성이라면 못해도 다른 청년들보다 더 단단한 청년들일 텐데, 그들을 통해 보는, 혹은 그들로부터 전해 듣는 청년들 이야기에서 나는 뜻밖의 생각이 들었다. '혹 우리가 이들의 내일 일에 너무 많은 것을 지레 준비해준 것은 아닌가.' 좀 더 사적인 관계에서 부모로서, 양육자로서, 교사로서 하는 말이자 시스템 문제 말고 개인사적인 접근에서 하는 말이다.

청년들의 어려움이 엄살로 느껴질 때면 청년들이 시련 앞에 너무 맥없는 건 아닌가 하는 걱정이 들었던 것이다. 혹시 우리 어른들의 지나친 준비 때문에 그들이 맞닥뜨린 시련을 실제 크기보다 더 크게 느끼는 건 아닐까. 어른들이 너무 나서서 그들이 문제를 전체적으로 보는 통찰력도 낮아진 게 아닐까. 실패하는 걸 지켜보기가 힘드니까, 실패할 경험을 주지 않은 결과로 말이다. 실패한 경험이 없으니 거기서 일어나본 경험이 없고, 고난을 겪을 시간이 없었기 때문에 더 힘든 게 아닐까 하는.

아이들을 자유롭고 창의적인 사람으로 키우고 싶었던 우리 세대의 양육을 돌아본다. 자유롭게 키운답시고 성취감을 키우려고, 안 되는 걸 안 된다고 말하지 않지는 않았나. 칭찬이 고래도 춤추게 한다고 칭찬은 했지만, 칭찬만이 아이를 움직이는 동력이게 하지는 않았나. 그래서 칭찬이 없으면 좌절하는 수동형으로 만든 건 아니었는지. 스스로 해결하라는 이름으로 사실은 도와주어야 할 지점을 찾기보다 아이들을 위한답시고 길을 미리 닦아버리지는 않았나.

비난이나 냉소가 나쁘다는 소리를 오해하여 비판조차 안 한 건 또 아닌지. 자유롭게 놀도록 한다면서 정작 NO는 못 가르친 건 아니었는지. 행여나 우리가 우리 삶에 걸어야 했던 생을 아이들한테 걸었던 건 아니었는지.

안 되는 건 안 되는 것

아이가 기기 시작하면 누워 있을 때야말로 편했다고 엄마들이 이구동성이다. 걸어 다니기 시작하면 폭탄을 안는 것 같다고. 안 되는 것에 대해 유아들에겐 불허보다는 대안을 찾아주는 방법을 선택하면 좋겠다.

"그건 안 돼!" 할 때, 대신 어떤 걸 할 수 있는지 알려주면 아이들은 스스로 허용과 불허의 경계를 알아갔다. 물론 이것 또한 결국 엄마가 지닌 가치관의 영향 아래 놓이는 문제일 게다. 가령 여자는 이래야 해, 남자는 저래야 해, 하는 생각이 그대로 전달되기도 하고, 우리가 벌레를 꺼리는 모습에서 아이들도 그 벌레를 이해하기 전 싫어하는 걸 먼저 배우기도 한다든지 하는…. 사물에 대한 어른의 균형 잡힌 시선이 아이들의 편견을 덜 만드는 길이기도 하겠다.

그런데 '안 돼'라고 하는 단호함은 결코 화를 내는 것이 아니다. 소리 지르거나 혼내는 것도 아니다. 하면 안 되는 것에 대해 말하는 일은 화와 구분되어야 한다. 함부로 작은 생명을 죽이고 있다면, 힘이 약한 아이를 업신여기거나 얕잡아 보거나 괴롭히고 있다면, 물자를 낭비하고 있다면, 거짓인 줄 알면서 그걸 친구에 대한 의리라고 생각한다면…. 하지 말라는 것은 따르고 지켜야 하는 지침을 주는 것이지, 선택 사항이 아니다. 그런데도 하지 말아야 할 것을 말할 때 아이를 존중한다는 미명 아래 청유형들을 쓴다. 예컨대 남의 조각 작품에 올라가 있는 아이에게 이렇게 말한다. "내려와 줄 거지?"

내려와야 할 일이면 내려와야 하는 것이다. '내려와 주는 것'이 아니고 '내려오는 것'이다. 주먹을 휘두르는 아이에게 "안 때릴 거지?" 할 게 아니다. "그만!"이라고 해야 한다. 점잖게 물어보는 상황이 아니라 말려야 하는 일인 것이다.

아이의 뜻을 존중하는 거라면 아이가 "싫어"라고 말할 때 그것을 수용할 수 있어야 한다. 사실 아이가 싫다고 할 때 그걸 들어줄 생각인 건 아니었지 않나. 이 청유형에 만약 아이가 싫다고 한다면 그 다음에 우리는 어떻게 할 것인가? 나는 잘 모르겠다. 다만 하지 말라고 할 일에 대해 아이들에게 선택권을 주는 것으로 착각하면 안 되는 줄은 안다.(이참에 선택에 대해서도 생각 좀 해 보았으면 좋겠다. 마트에서 갖가지로 나와 있는 것 가운데 하나를 고르는 게 과연 선택인가. 예를 들면 과자를 먹느냐 안 먹느냐가 선택이지, 무슨 회사의 어떤 제품을 먹느냐를 선택이고 다양성이라고 보는 게 맞는 걸까. '선택'이 무엇인가부터 따져볼 필요가 있지 않은지!)

또 공감의 이름으로 아이의 비위를 맞추는 광경도 보았다. '그걸 만지고 싶었구나!', '그게 하고 싶었구나!' 이해하는 척하면서, 지나친 공감을 경청이라고 착각하는 경우 말이다. 안 되는 건 마땅히 "안 돼!"인 것이다. 하지 말아야 할 것은 구체적이고 명확한 지침, 모름지기 "NO!"이다.

이런저런 거 다 헤아려도 그 너머의 떼쓰기가 아이들에게 이어지는 경우가 있다. 물꼬에서 어느 날 떼쓰기와 떼쓰기, 혹은 고집과 고집이 맞부딪치고 있었다. 싸우던 아이 둘을 샘들은 내게 보냈다. 나라고 별수가 있을까?

싸움의 경위를 묻는다. 한 사람씩 충분히 이야기하게 한다. 그래야 왜 싸웠는지를 알지. 상대가 말할 때 못 배기고 다른 아이가 끼어든다. 끼어들 수밖에 없는 건 주로 억울하기 때문이다. 자기편에서의 사실이 상대로서도 사실은 아니니까. 가능하면 심판자가 되지 않으려고 애쓰면서 각자 자신의 마음을 볼 수 있도록, 나아가 상대의 마음을 헤아려보도록 돕는다(이편 말을 듣고 네가 옳네 하고, 저쪽 말을 듣고 그럼 네가 옳네, 몇 차례 그리 번갈아가다보면 둘이 어이없어하며 웃는 것으로 상황이 끝나기도 한다).

이야기란 건 곱씹고 곱씹다 보면 돌고 돈다. 그러다 마침내는 바닥이 나기 마련이다. 할 만큼 말을 한 아이들에게 이제 침묵이 찾아든다. 가만있다 묻는다. "계속 놀 거야, 말 거야?" 그러면 논다고 문을 열고 나가는 경우가 적지 않다. 서로 나가서 뭘 할지 계획까지 세우면서, 심지어 손까지 잡고서 말이다. 어떤 땐 우리에게 허락된 놀이시간이 그리 길지 않음을 상기시켜주면 금세 둘이 놀려고 달려 나가기도 한다.

결국 시간이다! 떼쓰는 아이들한테도 마찬가지. 시간을 들이면 제풀에 꺾이기도 하고, 시간이 들어가면 다른 것에 관심이 생기기도 하고, 시간을 들여 설명하고 이해시키기도 하고, 시간을 들여 기다리기도 하고…. 종국에는 왜 떼를 썼는지 스스로 살피는 때도 오더라. 정작 우리 부모가 바라볼 그 시간이란 게 있는지가 관건이겠다. 어르신들이 그러잖나, 아이를 키우는 일은 세월이 없는 일이라고.

그런데 우리는 대체로 그게 없다. 우리가 왜 이렇게 바쁜가는 논외로 하고, 떼쓰는 아이를 기다려줄 혹은 아이에게 설명해줄 시간이 번번이 있는 게 아니다. 아이들은 다른 사람들이 있을 때나 대중적인 공간에서 사람들을 등에 업고 떼쓰기도 한다.

그럴 때? 부모가 물러서지 않아야 하는 선이 있어야 한다. 때로 우리는 아이들에게 귀기울여준다는 명목으로 지나치게 허용하는 경향이 있다. 사실 그 내용을 들여다보면 부모들이 아이들을 아주 머리에 이고 다닌다. 물러나지 않아야 할 최후의 보루, 그걸 지키기는 얼마나 힘든가. 그래도 안 되는 건 안 되는 거다! 죽을 듯이 우는 아이 앞에 같이 사활을 걸고 울어서라도, 세상 사람들이 다 보든지 말든지!

어른의 역할은 무엇일까

새벽 3시, 아이가 잠을 깼다. 두 돌을 지나던 아이가

라면을 달라고 했다. 밥도 아닌 라면? 낮에 이웃집에 건너갔다가 라면을 맛봤단 말이지. 나는 모 신문에 생태이유식 이야기를 쓸 만치 한단의 먹을거리에 좀 별나게 군 구석이 있었다. 한데 라면이라니!

하지만 그 밤 나는 라면을 끓였다. 그거 준다고 애가 당장 피 흘리는 것도 아니니까. 흔히 우리 부모의 걱정이란 그런 거 아닐까, 그 한 번의 물러남이 계속 떼쓰는 아이로부터 물러나는 일이 될까 하는.

"이번 한 번만이야!"

그랬다면 그 한 번이어야 한다. 세상이 두 쪽 나도 그 한 번!

아이를 키우는 일은 물러서지 않을 전선을 요구하고는 했다. 그 전선은 바위 앞에서 휘돌고, 물 앞에서 건너고, 직선이 아니라 때로 위로 아래로 움직이는 유연한 선이었다. 그것은 결국 삶에서 무엇이 중요한가, 우리 아이에게 지금 무엇이 더 중요한 문제인가를 쉬지 않고 살펴보게 하였다. 설혹 실패할지라도 그건 내 책임, 그 실패로부터 돌아오는 길이 멀고 험난해도 내 책임이다. 아무리 좋아 보여도 남 따라 사는 그게 제일 힘든 일이더라. 그러니 사뭇 제 식으로 그 선을 잡을 것!

아이는 자라 고3에 이르렀다. 주말에 한단이 빨래를 가져왔다.

세탁기를 돌렸는데, 주머니에 있던 휴지가 온 빨래에 덕지덕지 붙었다. 두어 차례 있었던 일이라 주머니 터는 것까지 엄마한테 맡기지는 말아달라고 부탁했다. 이제 다시 그러면 빨래를 안 해주겠다고 을렀다.

"에이, 낼모레 수능 보는 아들한테…."

그러거나 말거나, 턱도 없는 소리다.

"수능 본다고 삶이 계속되지 않는 건 아니지!"

그래도 두어 번은 뒤로 물러나 주었지 싶다.

나는 소극적 교육론을 지지한다. 가르치기보다 안 가르치기 혹은 덜 가르치기. 그리하여 제 길을 가도록 지켜보기. 엄마로서도 그렇지만 교사로서도 그저 아이들이 낭떠러지로 떨어지지 않도록 지키는 호밀밭의 파수꾼이었으면 한다. 소설 《호밀밭의 파수꾼》에서 홀든 콜필드의 꿈은 나이 스물의 나에게 그렇게 들어와 지금까지 살고 있다.

> 나는 위험한 벼랑 끝에 서 있는 거지. 내가 하는 일이란, 누가 잘못해서 벼랑으로 굴러 떨어지는 일이 생기면 그 애를 붙잡아주는 거지. (…) 호밀밭에서 붙잡아주는 역할, 즉, 호밀밭의 파수꾼이지. 나는 그런 사람이 되고 싶어.
>
> 제롬 데이비드 샐린저, 《호밀밭의 파수꾼》 가운데서

◎•◎•◎

"그날 옥샘은 한단이랑 짬뽕 드셨어요."

열도 넘는 젊은이들로 북적이던 이삿날, 아이가 있는 엄마는 아이를 치워주는 게 일을 돕는 것이겠거니 하며 밥 때야 그곳으로 갔지, 아마. 어렴풋한 기억을 그가 불러내 주었다.

"그런 걸 다 기억해요?"

그날의 모자(母子)를 자기네 아이 키우며 자주 생각했다는 남편의 대학원 후배였다. 아이 손은 짬뽕 국물에 다가가고, 엄마는 그 아이에게 손이 갔다. 다칠까 봐 막으려 했거나, 손이 더러워지는 걸 피하려 했다고 짐작했단다. 그런데 엄마는 아이 팔소매를 걷어주고 있었더란다. 한단은 그날 그 국물로 한참 잘 놀았다.

그런데 우리가 아이에게 한 그 허용으로 누군가가 고통에 빠진다면, 우리 아이 실컷 노는 일이 누군가를 불편케 한다면, 우리 아이가 식당에서 뛰어다닌다면, 우리 아이가 신나게 노는 일로 다른 아이가 다친다면, 약한 이를 업신여기거나 괴롭힌다면?

그 허용과 불허의 경계는? 아이들을 키우는 일은 균형을 잡는 일이었다. 이리도 저리도 넘어지지 않아야 하는 줄타기처럼 그 선을 찾아가는 것이 사는 일이고 아이를 키우는 일이다. 그렇더라도 좀 더 허용하는 쪽으로 기울었으면, 우리 아이들이 한껏 자기 생을 살게 하자면 더욱. 엄마라고 해주는 것도 없으면서 방해나 말아야지, 아마도 나는 그랬던 듯하다.

아이들은 우애와 환대로 덮여 한껏 펼쳐진 그들의 생각을 잘라내지만 않는다면 자기를 둘러싼 세상을 만나며 충분히 스스로 생각하고 스스로 자란다. 감동을 느낄 수 있는 시간에 흠뻑 적셔진다면 더 단단하고 깊어질 아이들이라, 몰두하는 아이들의 시간에 우리가 할 것이 '바라봄' 말고 무엇이 있겠는지. Let it be!

4장 — 스스로 만드는 삶

아이들도 제 삶을 산다

스스로 걸어가는 아이들

몇 번을 깨워야만 겨우 눈 비비고 일어나는 아침잠 많은 아이라도 휴일 아침에는 귀신같이 일어나서 옴지락거린다. 이네들은 왜 그러는 걸까? 산으로 가라면 바다로 가고, 바다로 가라면 산으로 가는 아들에게 청개구리 엄마는 강에다 묻어 달라 유언했다지. 그래서 비만 오면 엄마 무덤이 떠내려갈까 운다는 청개구리가 아이 키우는 집에 하나씩은 꼭 있다.
"한단, 한단, 무슨 소리야?"
아이는 일곱 살이었다. 폐교된 학교의 본관이 1968년 상량을 했다고 대들보에 적혀 있었으니 못 잡아도 1970년대는 지어진, 여덟 평이 채 될까 싶은 블록 건물에 방이 두 개인 사택에서 지내던 때였다. 마루와 부엌을 빼면 하나가 두어 평. 한 방은 아이가, 다른 방은 내가 썼다.
방이라고 부르지만 허술하고, 낡은 집이 흔히 그렇듯 바람뿐 아니라 소리도 쉬 건너다녔다. 늦게까지 잘 요량으로 나는 평일에 참았던 영화를 밤새 보았거나 책을 읽었을 테고, 평소 대명천지에 눈 뜨는 이 아이는 휴일 아침답게 꼭두새벽에 깨었겠지.
도대체 햇살 퍼지기도 전부터 저 퉁탕거리는 소리는 무얼까?

◎•◎•◎

손을 쓰는 일

한단의 이름에는 크게 단단하라는 뜻에다 큰 집에서 많은 사람 섬기고 살라는 뜻이 담겨있다. 말대로 된 셈인가, 산골 낡은 작은 학교이지만 집으로 치자면 어마어마한 뜰이라 청소하려 들면 그게 얼마나 넓은지를 실감한다. 그 아이 태어나기 전에 내가 쓴 동화에 등장한 이름은 태명으로 쓰이나 그대로 이름이 되었다. 한글로는 '~을 하다'라는 뜻도 들어있다. 공부하다, 노래하다, 할 때의 그 어미. 이 아이 얼마나 '하고' 살던지, 자고로 이름을 잘 지어야 한다고 사람들은 농담을 했다.

놀잇감이 흔하지도 않고, 산마을에서 혼자 있을 때가 많은데도 아이는 늘 바빴다. 그저 한 번씩, "엄마!" 하고 부르면 대답이나 했다. 어쩌다 너무 조용해서 외려 찾고 보면 '되살림터'라 불리는 재활용 더

미에서 페트병부터 온갖 것들을 끌어다 칼로 자르고 가위로 오리고 종이를 접고 구슬을 꿰고 천을 잇고 테이프로 마감하는 그였다. 아이는 끊임없이 뭔가를 만들었다.

나는 아이들과도 그렇지만 청년들과도 활동할 일이 잦은데, 섬세하게 화장을 하거나 문서를 깔끔하게 제출하는 거로 봐서는 짐작할 수 없는 의아한 풍경들을 그들에게서 자주 보았다. 아주 밀도 있는 활동을 하는 친구들조차 뭔가를 손으로 하는 일에는 덜 야문 것이다. 처음에는 재주가 있고 없음의 차이려나 싶었는데 여러 사람과 이야기를 나눠본 뒤 우리는 대략 이런 결론에 도달했다.

예전보다 소근육을 쓰는 일들이 많지 않다는 것! 데이터를 분석하고 통계를 낸 자료는 물론 아니다. 대체로 디지털에 익숙해서, 문서 같은 건 맵시 있게 만들지만 손을 써서 뭔가 하는 경험이 갈수록 적어져 손을 예민하게 써야 하는 일상의 많은 일에서는 허술하다는 거다. 아이들을 가까이서 30년 넘게 본 내 눈에도 그들의 손힘이 갈수록 떨어진 걸 확연히 느끼고 있다.

손이 우리 몸의 모든 장기와 연결되어 있음은 한방에서만 하는 주장이 아닌 줄 안다. 손이 아이들 두뇌에도 미치는 영향이 크기에 그토록 소근육 운동을 입에 올리는 게 아니겠는지.

문제는 무엇이나 공부로 접근하려는 한계로 아이들이 그저 그들 뜻대로 하는 걸 두지 않는 것이다. 아이들을 제발 내버려 두자! 그들이 하고픈 걸 하도록 하자. 의도한 바가 있다면 그저 재료들을 아이들 곁에 늘여주자. 모래나 흙에 나갈 일이 어렵다면 밀가루 반죽이라도 아이에게 맡기자.

그 다음은 말도 안 되는 성과물에도 감탄하기. 때로는 설명을 들어야 알아먹더라도, 사실을 알고 보면 놀라운 작품이니까. 마지막으로 치우는 것도 저들더러 하라 하기.

몸을 쓰는 일

"애들이 일없이 막 넘어져."

무슨 말인가 했다. 산촌이나 농촌에서 도시 아이들이 와 머무는 공간을 제공하는 이들이 모인 적이 있다.

"요즘 아이들은 편편한 길을 가다가도 맥없이 넘어진다니까."

애들이 돌부리에 걸린 것도 아닌데 넘어지는 일이 많단다. 균형을 잡아본 경험이 많지 않아 그렇다는 진단들을 했다. 걷는 일도 많지 않고, 아이들 놀이 또한 몸을 써서 노는 게 적으니까.

산마을에 있는 물꼬로 아이들이 찾아들면 우리는 산이나 들로 모험을 떠나곤 한다. 옛 전설에 나오는 이야기를 따라 그 흔적을 찾아가기도 하고, 혹은 동화책이나 과학책을 하나 들고 나서기도 하고,

자신이 어디로 가고 싶어 하는지 마음에 귀를 기울여보기도 한다.

거기 어른들이 작은 장치들을 해놓기라도 하면 아이들의 긴장은 배가 되고, 그런 장치가 진실이냐 하는 건 그리 중요하지 않았다. 산타클로스처럼 어린 날의 상상은 자라면서 부서지는 때를 만나니까. 산타클로스가 존재하는지가 중요한 게 아니라, 그를 통해 우리의 어린 날을 채우는 무수한 이야기를 쌓았다는 것, 그것을 타고 우리가 날아다녔고 그 빛나는 추억들이 우리 생을 밀고 가는 것이 중요하다. 때로 도덕의 문제도 거기 있다. 사람으로서 하지 말아야 할 것을 그 안에서 배우기도 했다. 모험을 떠난 아이들은 참으로 싱싱했다! '살아 있다'는 건 그런 것이었다.

몸을 써서 같이 뒹구는 아이들을 들여다본다. 규칙을 만들고 논다. 규칙의 해석이 달라서 언성을 높이면서 싸우다가도 큰 아이의 중재가 있거나 저들끼리 설득되는 걸로 규칙이 수렴된다. 그래야 계속 놀 수 있으니까, 싸우기만 하면 놀 수 없으니까.

말로 모자라는 설명은 하면서 몸을 부대끼며 이해한다. 힘이 모자라는 아이나 어린 동생은 짧은 거리에서 던지게 한다든지 좀 더 수월한 방식을 허락해준다. 이편도 되고 저편도 되는 깍두기도 그렇게 탄생한다. 아이들은 배려를 거기서 배운다. 그 경험은 내가 강자가 되었을 때 약자를 생각하는 이해도를 넓혀준다.

무엇보다 같이 노는 아이들은 그들 삶이 얼마나 열정으로 차 있는지를 보여주었다. 그것은 자기 삶을 끌고 가는 힘도 되어줄 것임에 틀림없다. 아이들은 놀랍게도 스스로 놀 줄을 알며, 우리가 방해만 하지 않으면 그들은 엄청난 경험을 쌓아간다.

아이 스스로 힘을 키우는 시간이 필요하다

아이가 일곱 살이었다. 물꼬가 입학하고 졸업하는 상설과정을 몇 해 하고 있을 때, 그 시작하던 해에 한단도 합류했다. 아이들은 한 해 동안 주제를 정해 자신이 관심 있는 것을 공부해나가고 해의 막바지에 일종의 학술제로 '매듭잔치'에서 그걸 발표하는 시간이 있었다.

한단의 그때 관심은 차(car)였다. 이왕이면 산골에 있으니 이곳에서 만날 수 있는 주제들이면 좋으련만, 그 아이의 관심은 늘 그런 식이었다. 반자연적인 거. 그렇게 생겨먹었다.

두서너 살 무렵에 서울 살 적 엄마의 벗인 전직 카레이서가 자주 놀러 왔는데, 어느 날부터인가 아이는 카레이서계 풍월로 차 꽁무니만 보고도 거리의 차 이름을 알아맞히는 거다. 내가 아는 대구의 한 아이는 저 멀리서 버스가 꺾여 나타나는 것만 보고도 몇 번 버스인지를 알아맞혔더랬다. 아이들은 관심 있는 것들에 그러하다. 관심의 대상을 사람이 어떻게 알아가는지를 아이들이 고스란히 보여준다.

그해 한단은 엄마가 공부하던 자동차 정비 책까지 가져가서 읽고 있었다. 매듭잔치를 지켜본 사람들이 그랬다, '옥샘은 애 데리고 맨날 과외하시나 보다'고. 발표 날까지 나 역시 그의 발표가 궁금했다. 한단은 차가 어떤 부품들로 어떻게 연결되어 결국 움직이게 되는가를, 거기 문제가 생긴다면 어떤 게 문제이고 어떻게 해결할 수 있는가를 누구라도 쉬 이해할 수 있게 그림을 통해 들려주었다.

아이들도 제 삶을 쓸, 제 삶을 살 시간이 필요하다. 자기를 위해 깊이 쓸, 헤살받지 않고 자기가 쓸 시간 말이다. 무언가를 만들고, 놀고, 한껏 해 보는. 그런 것이 경험이 되고, 자신감도 되고, 실력으로까지 간다. 아이가 스스로 누리는 시간은 스스로 힘을 기르는, 힘을 키우는 시간!

세상에서 가장 길었던 시간

고요했다. 진공의 공간이 있다면 그러했을 것이다. 방으로 돌아오니 영화 세트장처럼 벌여놓고 좇아나간 장면이 그대로 멈춰 있었다. 다시 손대지 않아도 될 만치 거의 끝나가던 다림질이었다. 인형극에 쓸 한복이었다. 들어와 마저 했다. 리허설하려고 기다리는 이들에게 전해줘야 할 것이었다.

아이들 아홉이 여드레를 같이 보내기로 한 일정 이틀째였다. 낮밥을 먹은 뒤 놀던 아이들이 울면서 교무실로 달려왔다. 물꼬의 커다란 통유리인 숨꼬방 유리창을 한단이 찼다고, 깨져서 다리를 다쳤다고. 꼬리처럼 딸려오는 아이들을 멀찌감치 떼놓고 깨진 유리를 밟고 들어가니 열한 살 아이는 곁에 있던 이불을 끌어다 상처를 덮어 움켜쥐고 있었다. 그뿐이었다. 울지도 않았다.

화가 나서 찼지만 그리 쉽게 깨질 줄은 몰랐겠지. 아이의 손을 떼어내고 봤다. 악! 크게 벌어져 하얀 뼈까지 보였다.

접근이 어려운 산마을로 구급차가 오는 동안 다친 아이 곁에 학교 아저씨를 앉혀놓고 복도에서 우는 아이들을 모아 혹여 자기들 때문에 다쳤다는 자책으로 괴로울까 안아주며 상황을 정리했다. 곧 온 구급차에 한단과 동료 교사를 태워 보내고 나는 다시 다리미를 잡았다. 어떤 생명체도 살지 않는 아득한, 아무 소리도 들리지 않는 세상에서!

의상을 전해주고 병원에 달려가니 수술동의서가 기다리고 있었다. 주말을 보내고 서울로 돌아가던 남편도 기차에서 내려 하행선을 탔다.

"천행입니다."

그렇게 깊게 파였는데도 용케 앞뒤 중요한 신경들을 비껴갔고, 다리도 다리지만 특히 손목은 신경막 앞에서 유리가 멈춰 있더라, 세 시간 뒤 수술실을 나온 의사가 전했다.

그날이 부처님 오신 날이었다. 이쯤이면 불자가 되려는 마음도 들었을 법하다. 누군가 돌보지 않고서야 어디 그만만 할 수 있었겠는가. 2008년 5월 12일 달날, 날 차고 바람 불던 그날 아이는 처음 만나는 세상처럼 눈을 떴다, 10년 전 그랬듯이.

시간조차 얼어있는 듯했던 그날의 적막은 무슨 소리가 났다 하더라도 그건 너무나 비현실적이어서 소리가 아니었을 것이다. 세상에서 내가 겪은 가장 긴 시간은 바로 그날의 채 5분도 안 되던 다림질의 순간이다. 그날은 또한 내가 기억하는 가장 긴 하루이기도 했다. 아이의 병상에서 남편은 그제야 아내가 잠을 설친 새벽에 한 이야기를 환기했다.

"험해서 차마 입에 못 올리겠다, 너무 무섭고 어찌나 긴박하던지…."

두 시간도 채 눈을 붙이지 못하고, 사나운 꿈자리로 잠을 설친 그 밤을 들먹이며, 올 일을 막을 길이야 없겠지만 오늘 하루 각별히 조신해야겠다 말했던…. 우리의 부모님들도 자식에게 닥칠 사고를 그리 예견하며 순간순간 조심스럽게 걸었을 생이었으리.

초등학교 3학년과 4학년은 한 학년 차이인데도 다른 학년 차보다 크게 느껴지곤 한다. 학습과정을 봐도 간격이 퍽 떨어진 듯한, 마치 초등에서 중등으로 넘어가는 과정처럼이나. 그래서도 초등을 저

학년과 고학년으로 나눌 게다.

학교를 다니고 있지 않아 그런 간극이 별반 없겠다 싶기도 했는데, 열한 살 아이의 삶은 그 병상(病床)으로 이전과 이후가 나뉘는 듯했다. 천지도 모르던 아이가 뭔가 무게를 갖게 되었다고나 할까. 젊은 날 한때 생에 대한 오만이 꺾이는 느낌 같은. 퇴원해서도 오랫동안 목발을 짚었고, 혼자 있는 시간이 많았다.

세상에는 많은 일이 일어난다. 아이는 왜 그런 일이 일어났는지, 그건 어떤 의미를 지니는지 곱씹으며 세상에 대해 고마움도 키웠다고 했다. 우리가 세상으로부터 받는 것이 얼마나 많은가. 다리도 내가 세운 적 없고, 철길도 내가 놓은 적 없다. 삶은 기본적으로 무임승차로 시작되는 것이다. 아이는 세상을 향해 잘할 거라고 했다. 어쩌면 그때 조짐이 있었을지도 모른다, 인류에 기여할 공부를 하겠다고 대학을 가기로 생각한 건.

아이들은 작은 기쁨으로 큰 슬픔과 맞선다

한밤 기숙사에 있는 아이로부터 전화를 받았다. 절망이 잦은 아이다. 하루에도 열두 번 뒤집어지는 마음이다. 몇 마디 주고받은 뒤 죽을 듯이 심연에 있던 아이는 또 금세 괜찮노라 한다. 그렇다. 아이들은 근원적으로 낙천적인 존재다. 늘 '지금'에 있는, 그래야 하는.

소소한 기쁨이 우리 생을 채우듯 아이들을 들여다보면 특히 그러하다. 아이들은 작은 기쁨으로 어려운 상황들과 맞선다. 선험적으로 아이들은 그런 슬기를 지니고 있다. 작은 기쁨으로 큰 슬픔을 이긴다. 아이들은 바로 지금 친구들과 놀고 논다. 닥친 상황에 빠지기보다 주운 막대기를 잡고 흔들고, 흙을 파고, 못에 돌을 던지고, 아지트를 만든다. 모진 세상에 노출되어 있더라도 그리 나아간다.

아이들이 놀아야 하는 까닭이 여기 있다, 함께 사는 법을 익힌다거나 타인을 받아들이는 법을 배운다거나 다른 이유도 많지만. 아이들은 놀며 스스로를 그리 구원한다!

◎•◎•◎

그 휴일 이른 아침 일곱 살 한단이 무엇을 하고 있었냐면?
"분위기를 바꾸는 중이에요."
두어 평도 안 되는 방에 뭐가 얼마나 있었겠는가. 가구라야 작은 책꽂이 두엇, 조그만 플라스틱 삼단 옷장, 행거라고 부르는 옷걸이.
아이는 계절이 바뀌면 가구 위치를 바꾸는 주부들처럼 가구를 바꾸는 걸로도 놀고 있었다.
이토록 생기 있는 아이들의 삶을 도대체 우리가 어떻게 이끌고 있는 건지….

강철은
어떻게 단련되었는가

생의 강렬한 순간이 꼭 청소년기에 집약되는 건 아니지만, 그 시기는 우리 전 생애에 걸쳐 자주 되살아나는 시기다. 모든 게 입시지옥처럼 보이는 사이로 쥐구멍에 드는 볕처럼, 그때 무엇을 읽고 누구를 만나고 무엇을 보았는가는 우리 삶에 많은 색깔을 입혔다.

나는 고등학교 때 한 수학선생님이 들려주신 이야기를 잊을 수가 없다. 이야기가 그 원형에서 얼마만큼 흘러와 버렸는지는 모르겠지만, 통곡하는 예순 할아버지가 주인공이었다.

요새야 나이 60이면 청춘일 것이나 그때만 하더라도 이즈음의 80이라 할 만한 나이이다. 할아버지는 장점도 많았으나 두어 가지 단점도 지니고 있었다. 삶에 진중하고 노력하던 그의 자세는 평생을 단점을 고치는 데 바쳐졌다. 뼈를 깎는 고통 끝에 단점으로 당신 삶에 걸리는 일이라고는 없음을 깨달은 순간, 온 얼굴이 눈물범벅이 되었다. 스쳐가는 그간의 고생들… 마침내 그야말로 단점이 없는 사람이 된 것이다.

그런데 그는 곧 좌절하고 말았으니….

◎•◎•◎

단점도 뒤집으면

"이거 좀 먹어봐!"

주인아주머니가 만두를 쪄서 현관문을 두드렸다.

"아니, 애랑 둘만 있어? 나는 여러 사람이 있는 줄 알았네."

백일도 안 된 아이랑 달랑 둘이 그리 시끄러웠냐 했다.

한단은 서울 연남동에서 태어났다. 같이 일하던 젊은 친구들이 도시공동체를 실험해보던 공간에서 이문동으로 이사 가기 전까지, 태어나 여러 달을 살았다.

낮이면 동료들이 모두 물꼬로 가고, 젖먹이랑 둘은 천천히 집을 나서던 때였다. 사람들이 나간 자리를 정리하며 아이랑 느지막한 출근을 하기 전 아이에게 온갖 이야기를 들려주고 있었던 거다.

"사실 당신 책임이 크지! 애가 배에 있을 때부터 얼마나 말을 많이 시켰어?"

"옥샘, 다른 사람 뭐라 못하세요. 애한테 얼마나 많은 말을 하셨어요!"

배 속 아이에게 들려주는 이야기에 밖에서 들어오던 이들이 집에 사람들 북적이는 줄 알고는 했으니까.

아이는 말이 많았다. 지금도 다르지 않다. 가끔 우리 부부도 그를 시끄러워한다.

"점잖은 애들도 많은데…"

사실 말만 많이 시킨 게 아니라, 나 역시 말이 많은 사람이었다. 누구를 탓하겠는가.

아이의 외할머니, 그러니까 '무식한 울 어머니'는 아이들을 썩 반기지 않는다. 좀 더 친절하게 말하자면 귀찮아한다, 그것도 매우. 아이들 또한 눈치는 빨라서, 애들 별 좋아하지 않는 할머니를 귀신같이 알아 곁에 잘 가지 않았다. 그런데 한단 이 녀석, 하도 할머니 턱밑에서 재잘대니 그예 두 손을 드셨다. 어쩌면 한단은 할머니가 세상에서 처음으로 좋아한 아이였을지도 모른다. 말 많다고 욕을 먹어도 어디든 비집고 들어 지 살길 구하겠구나 하는 생각이 다 들었다.

이 아이는 어릴 때부터 엄한 제 엄마 말고는 사람을 대체 무서워하질 않았다. 두려워하지 않으니 무슨 말이나 꺼낼 수 있었고 그런 만큼 호기심을 채울 기회도 많았다.

말 많은 건 아이의 단점으로 볼 수 있었다. 한데 어떤 면에서는 사람의 가벼움일 수도 있는 이 말 많음이 꼭 단점만은 아니더라. 뭐 단점도 뒤집으면 장점이, 장점도 뒤집으면 단점이 되기도 하잖던가.

어떻게든 살아지고, 어떻게든 살아간다

아이가 열 살이 되었다. 여름방학을 아이와 함께, 남편이 있는 시카고에 가서 보냈다. 아이는 4주 동안 집에서 두 블록이면 갈 수 있는 공립학교의 여름학교를 나갔다. 아무래도 도시락 까먹는 재미로 가는 것 같다고 엄마, 아빠는 수군거렸다. 그 전해, 아버지가 들고 다니는 도시락이 부러워 집에 있으면서 도시락 통에 밥을 넣어 먹던 그였으니.

아이가 다닐 여름학교를 알아볼 때는 걱정을 좀 했더랬다, 여섯 살에 1년여 시카고의 공립 유치원에 다닌 적이 있긴 하나 영어를 통 잊어버려서….

"갈 수 있겠어?"

갔으면 하고 바랐지만, 막상 아이가 갈 수 있겠다고 했을 때는 영어 한마디 못 하면서도 간다는 데 놀랐다. 긴급하게 쓸 수 있는 생존 문장 다섯을 다시 익혀 한단은 학교로 갔다. 단기로 하는 일종의 캠프로 바깥활동이 많아서 언어가 그리 문제가 안 된다는 학교 측 안내가 우려를 덜어주기도 했지만, 안 가겠다는 소리는 안 하길래 보냈다.

참관이나 보조를 위해 학교에 불려가 보면, 한단은 눈치껏 그럭저럭 해나가고 있었고, 차차 반 아이들의 잡다한 소식까지도 보따리로 들고 왔다.

“아이자야랑은 아무도 안 놀라 그래.”

냄새나고 끼어들고 그렇다는데, 따돌림 당하는 아이가 내 아이가 아니라는 안도감이 먼저 들던 그때, 아이를 학교로 보내는 수많은 엄마의 마음을 비로소 헤아렸던 듯하다.

한번은 마켓 화장실 앞에서 볼일 보러 들어간 아이를 기다리고 있는데, 한 남자가 나오면서 물었다.

“혹시 머리 긴 애가 따님, 아니 아드님이신가요?”

뭔 일이 일어났나 싶어서 걱정이 일었다.

“나랑 눈이 마주치자마자 나 남자예요, 그러더군요.”

물론 영어로 말했겠지. 머리가 길어 땋고 다니는 아이는 남자화장실 안에서 혹시 오해받을까 봐 얼떨결에도 그렇게 자기방어를 했던 모양이다. 다, 어떻게든 살아지고, 어떻게든 살아간다. 아이들은 더 잘 사노니!

지는 걸 못 견디는 아이

물꼬에는 '대동놀이'라는 일종의 체육활동이 있다. 경기라기보다 말 그대로 놀이다. 몸 쓰는 일이 잘 없는 아이들이 책상 앞이나 소파 앞을 벗어나 몸도 쓰고 놀잇감 없이도 노는 법을 익히며 같이 크게 어우러지는 놀이마당이다. 대개 편을 갈라 이기고 지는 재미야 있지만 승부가 그리 의미를 가지는 건 아니다. 평소 물꼬에서 하는 교육일정에 동행하는 것도 아니면서 한단은 대동놀이 만큼은 밤이면 사택을 빠져나와 꼭 끼어들었다.

대동놀이의 끝은 언제나 양편이 동일하게 만세를 부르는 구조를 가지고 있었다. 예컨대 토끼몰이를 했다면 토끼를 많이 잡은 편이 있겠지만, 적게 잡은 편 토끼들 가운데 새끼를 밴 토끼가 마침 새끼들을 낳아 양편의 수가 같아진다든지 하는 방식으로.

그런데 바로 이 대동놀이에서 제 편이 진다 싶으면(지는 것도 아니고 결국 동등해지는데도) 한단으로 온 세상이 난리가 났다. 정작 진행을 맡은 내 처지에서 여간 곤혹스러운 일이 아니었다. 다른 애도 아니고 내 새끼 때문에 문제가 생기고 있으니.

야단도 치고 설득도 하고 수년을 그래도 대동놀이에서 지는 일 만큼은 아이에게 도무지 받아들여지지 않았다. 순간의 화야 어른도 어찌 안 된다지만, 문제는 다른 부분에서는 되는데 이 일만큼은 안 되는 그였다.

"우리가 진 거 아니에요, 다시 해요, 다시 해! 아앙!"

씩씩거리며 고함치는 아이를 다른 어른이 데려나가고는 하였는데, 누구라도 오랫동안 대책 없이 보는 게 전부였다. 지는 걸 못 견디는 아이였다.

그 아이가 제도권 학교를 갔다. 1등을 못해서 못 견디는 거다. 1등 하라고 한 적 없고 잘하라고 등을 민 적 없지만, 아이는 못 하는 자신을 견디지 못했다. 고백하면, 그것은 그 나이 때의 내 모습이기도 했다.

도대체 닮은 구석이라고는 없어 보이거나 그나마 닮아 보이는 게 내 단점이라니, 환장할 노릇이다. 그러잖아도 못마땅한 아이의 행동은 그래서 더욱 화를 부채질하게 된다. 부모의 좋은 점만 닮아주면 좋으련만 했던 아이는 그나마 좀 나은 곳은 비켜나 죽으라고 안 닮고 태어나기로 작정했나 보다.

"남들 12년 하는 거 3년만 하는 거니까 열심히 할 수 있어요."

축지법이란 열정과 숙련을 의미하는 것이었는지도 모른다. 열여섯에 잠시 검정고시를 준비한 것 말고는 거의 학습을 해 본 경험이 없던 아이는 고등학교를 가서 저 뒤에서부터 앞으로 가기 시작하더니, 반에서 1등을 했고, 전교 1등도 했다. 못 견디는 그것이 그를 추동하게 하였더라.

이것이 저것을 기대고

날적이를 들추다가 한단이 열두 살이던 11월의 어느 하루 같이 일본영화 〈하치 이야기〉를 본 기록이 있었다.

> 17개월 동안 자신을 길러준 반려인 우에노 교수가 갑자기 세상을 떠나지요. 출근길이면 교수를 역까지 바래다주고, 교수가 돌아올 시간에도 역시 역에 가서 기다렸다 함께 돌아오던 하치는 교수가 죽고도 역에서 10년을 여전히 기다립니다. 알 길은 없으나 그의 죽음을 모르는 것이 아니라, 기다리고 싶었던 것이라고 하는 게 옳겠습니다.
>
> 오수에 가면 오수의 개 동상이 있듯, 시부야역에 가면 역시 하치의 동상이 있다지요.
>
> "엄마는 나 두고 가지 마."
>
> 같이 영화를 보던 아이가 눈물 글썽이며 그랬지요.
>
> 세상을 살아나갈 수 있도록 준비시켜줘야지, 자식을 향한 모든 부모들의 마음일 겝니다. 특히 장애아를 가진 부모들은 더 할 테지요.
>
> 11. 17. 불날, 겨우 맑은 / 날적이 가운데서

우리는 그렇게 서로를 기대고 살았다. 그가 없었다면 호주 중서

부 숲 한가운데서 전기도 없이 살 엄두가 어찌 났을 것이며, 산마을 매운 날들, 그 긴 시간을 어떻게 헤쳐 나왔을까. 얼어붙은 겨울 저녁 산마을 눈 내린 비탈길을 별빛에 의지해 걸을 때도, 북서풍에 맞서며 두멧길을 내려올 때도, 겁 많은 내 곁에 같이 산골 삶을 살아주는 한단이 있었다.

엄마는 어른이었지만 그 안에 우는 아이가 있었고, 아이는 어른이 아니었지만 그 안에 역시 의젓한 어른이 있었다. 우리가 흔히 아이들을 보고 그 안에 노인네가 산다는 농을 하는 것도 결이 같은 표현일 테지. 나와 아이는 어른과 아이를 넘어 같은 시간을 살아가는 동행자였다.

어른이라고 언제나 어른스러운 결정을 하는 게 아니었고, 아이라고 늘 엄마를 의지하고만 살지 않았다. 엄마 안에 사는 아이가 밖으로 나와 울고 있으면 외려 아이가 어른스럽게 달래주었고, 아이가 아직 어려 하지 못하는 일은 엄마가 나섰다. 엄마와 아이를 넘어 서로의 삶을 어깨동무해나간 존재였다고 말하는 게 우리를 더 잘 설명하는 문장이다. 엄마 때문에 살고, 아이 때문에 살아지는. 약한 아이였고 모자라는 어른이었지만 그래서 기댔고, 모서리가 많은 우리였지만 그 모가 다른 이의 모와 만나 면을 이루게도 되더라.

서로 기대고 간다. 사람과 사람끼리가 그러하듯, 자신 안에서의 어떤 면과 어떤 면도 그렇다 싶다. 사람의 단점도 그렇더라. 단점이 장점을 기대고, 때로는 단점이 단점을 기대면서 나날을 나아가게 된다!

한단은 감정의 기복이 심했다. 나쁘게 말하면 민감함이겠지만, 한편 섬세하다는 뜻이기도 할 게다. 그는 욕심이 많았다. 인정욕구 또한 그만큼 컸다. 하지만 그것은 어떤 것을 해내고자 하는 적극적 의지가 되기도 했다. 아이는 타인을 많이 의식했다. 그것은 타인을 잘 읽는 면이 되기도 했다. 때로 단점은 그렇게 우리를 긍정으로 끌어주는 방향타가 되기도 한다.

한단에게 말했다.

"단점이 없다면 좋겠지만, 장점에 더 집중해보자."

단점에 대한 괴로움보다 장점(강점)에 더한 애정이 사람을 더 강건케 하지 않을지.

◎•◎•◎

아, 평생 자신을 갈고닦아 단점을 없앴던 할아버지. 훌륭하게 변한 그는, 그러나 곧 절망하고 말았다. 자신의 장점마저 사라져버렸기에. 단점을 뒤집으면 장점이라는 그 이야기의 결론은 내 청소년기 신선한 충격이었다. 사람들이 가진 단점에 대해 다른 생각을 갖게 했더랬다. 굽어진 것은 굽어진 대로 비뚤어진 것은 비뚤어진 대로 쓰임이 있지 않겠는지.

이 꼭지 제목인 '강철은 어떻게 단련되었는가'는 니콜라이 오스뜨로프스키의 책 제목이다. 사회주의 혁명기에 시대가 요구하는 낙관적 전망으로 오직 전진했던 이의 자전적 소설로 금서이던 시절 뜨겁게 읽으며 우리가 따르고 싶은 인물이었다. 빼곡하게 글이 들어찬 사회과학 서적을 열심히 넘기던 젊은 날의 결기는 이제 그런 책을 채 몇 장도 넘기지 못하거나 외면하거나.

그래, 세상은 변했다. 시절은 달라졌다. 나도, 너도. 하지만 여전한 이들도 있을 것이다. 시대를 관통하며 사투를 벌이는 실천적 인간이 아니어도 인간인 우리는 모두 어떤 의미에서 사투를 벌이며 산다, 우리 아이들도. 부디 단련되기를, 강철처럼!

광기의 시간,
사춘기

'며칠째 집에도 못 가고 양말도 사흘째 못 갈아 신고 일에 지쳐 감정도 지치고 발끝의 피가 머리로 솟구치는 것을 느끼며 차라리 내가 잘못한 거라면 좋겠는데, 오랜 기간 믿었던 사람들에게 배신당한 기분 풀 수가 없네. 나 자신의 관리가 필요한 때야.'
산골로 들어온 문자 하나에 한참을 답을 할 수가 없었다. 그 터널을 지나는 이는 얼마나 힘겨울 것이냐, 무슨 말인들 위로가 될까, 그저 건강 해치지나 않기를 바라며 무심한 듯 반나절이나 지나서야 한 줄.
'밥이 보약인 줄 아시지요?'
배우고 익히는 것 못잖은, 물꼬에서 하는 순기능 한 부분은 바로 위안과 위로, 그리고 치유. 사람들은 살면서 만나는 벽 앞에서 하소연하기도 하고 분노를 터뜨리기도 하며 때로 지친 어깨로 산마을의 물꼬에 찾아든다. 보육시설에서 자란 아이들은 떠나온 시설에는 걸음하지 않아도 물꼬에는 다녀간다. 물꼬는 그들에게 외가이고, 혹은 친정이니까.
고뇌하는 재수생의 긴 글월도 있고, 연결되지 않는 사랑 때문에 좌절하는 숱한 젊은 베르테르의 편지도 닿는다. 아이 때문에 맺어진 인연이 어른들과 오랜 벗이게도 하여 상담의 범주는 교육문제를 넘어 당신들의 삶에 대한 방향을 같이 고민하기도 한다.

그런데 적은 언제나 내부에 있고, 배신은 언제나 가까운 곳에서 시작된다. 뛰어난 교육자들도 제 자식 가르치는 건 중이 제 머리 깎기에 다름 아니라지. 남의 이야기 할 것도 없다. 평화로운 산마을 우리 집에 한바탕 회오리가 일었다. 한단이 만으로 열네 살이 채워지기 직전이었다.
한밤중에 받은 메일 앞에서 내 삶이 멎었는데….

◎•◎•◎

바람이 일었다

"열네댓 살이 되면 더 이상 엄마 힘만으로는 안 되는 거 같아요."

학부모들에게 그리 말하곤 했다. 아이들에 대한 오랜 관찰로도 그랬다. 그 나이는 또한 각 성에 해당하는 양육자의 힘도 필요한 때였다, 아들에겐 아빠 혹은 남자 어른이, 딸에겐 엄마 혹은 여자 어른이.

그맘때의 아이들에게는 더 이상 엄마 말이 서지 않았다. 자식에 대한 엄마의 뜻이 꺾이기 시작하는 때, 바로 사춘기였다.

겨울이면 산 밑의 집을 두고 마을 안에 있는 물꼬의 사택에서 지냈다. 눈 내린 산길을 오르내리는 일이 쉽지도 않고, 모여 지내는 게 난방비를 줄이는 방법이기도 하니까. 50년 전 지어진 일고여덟 평 되는 세 채의 사택 가운데 한 채는 구들을 고치지 않으면 더 이상 쓸 수 없지만 나머지는 구멍 숭숭한 대로 집 구실을 했다.

한단의 열네 살이 지나가던 겨울 하루였다. 아이가 혼이 났다. 원인은 생각도 나지 않고 날적이를 들춰도 좀체 찾아지지 않는데, 한참 야단을 맞은 아이는 아무 대꾸도 못하고 엄마 방을 나가 제 방으로 갔다. 그런데 벌컥, 아이가 엄마 방문을 다시 열고 한바탕 퍼붓고는 다시 문을 쾅 닫고 나가는 거다.

'어구, 놀라라.' 정말, 화들짝 놀랐다. 그런 일이 일어나다니! 혼자서 살짝 웃음이 나려고도 했다. 중2병이라는 그 유명한 전염병에 이 산골 청소년도 감염된 것이다.

때가 된 거다. 아이들을 가르치면서도 나를 줄기차게 긴장하게 하는 건 이 순간을 훗날 저 아이가 기억하리라는 것이었다. 우리 집 아이 키우면서도 내가 아이에게 마구 함부로 여도 용서될 거라고 믿는 구석이 엄마로서 적잖이 있었는데, 그날 이제 좋은 시절 다 갔다고 생각했던 듯하다. 더욱 조심스럽게 대해야 한다는 긴장이 일었다.

'쳇, 그래봤자 제 녀석이 뭐라고!'

아무렇지도 않은 양 하지만 엄마로서의 군림은 끝나버린 걸 알았다.

"옥샘은 한단 사춘기 그런 어려움 없으셨죠?"

무슨!

세상이 달라졌는데도 여전히 '아이에게 그거면 됐지.' 하는 생각이 강한 나는 그야말로 '옛날 사람'이었다. 사춘기라는 게 그저 지나가는 과정 하나지, 아무런 문제도 아닐 것을 말하기 좋아하는 이들이 말 삼아 그런 거지 했다. 사람이야 늘 성장하는 것이고, 그런 과정이 어느 순간 폭발적인 시기가 있는 것 아닌가.

이런 차이는 생각했다. 과거 대가족 안에서 별로 문제 되지 않던 한 구성원의 행위가 현대 사회로 넘어오면서 보다 두드러지는 측면은 있겠다는! 가령 계절학교에서 아이들 수가 적으면 수월할 거라고 생각하기 쉽지만, 덩어리가 크면 묻혀갈 일도 외려 개별 특성이 더 도드라져 힘들 수도 있듯이 말이다. 그래도 현대로 넘어오며 아이들 개별에 대한 관심이 는 것은 바람직할 테다.

엄마 방문을 쾅 닫은 그날은… 엄마만 놀라지 않았을 것이다. 아이 자신도 그럴 수 있었던 자신에게 놀랐을 테고, 그렇게 한 세계를 넘어가고 있었을 게다.

우린 이제 다른 관계로, 다른 소통법으로 맺어져야 했다!

태풍이 몰아쳤다

바람이 일기 시작하는가 했더니, 뜻밖에도 그것은 초태풍으로 왔다. 사흘째 폭염이 이어지던 7월의 한밤, 전혀 예상치 못한 곳에서 엉뚱한 사건이 벌어졌다. 메일함을 연 채 온몸이 후들거렸다. 자신도 모르는 사이에 등 뒤에서 일어난 일들이 얼마나 많을까.

이메일은 아이가 엄마 모르게 타인에게 해를 가한 일을 알려왔다. 비장해졌다. 꼬박 날밤을 새우고 물꼬의 누리집에 공지를 했다. 당장 닥쳐있는 일정이 끝나면 깊은 수행을 하고자 하니 방문이나 머묾, 교육일정에 함께하고자 했던 이들은 참고하여 계획을 세워달라고. 날마다 쓰던 날적이도 한 학기를 쉬겠다고 했다. 우선 내가 할 수 있는 건 그렇게 멈추는 것이었다. 돌아보기 위해서도, 나아가기 위해서도, 무엇보다 지금을 견디기 위해서도. 냉정해졌다는 말은 아니다. 다른 길이 없었을 뿐이다.

사건은 한동안 우리 마음을 쑥대밭으로 만들었다. 그나마 법적으로 책임을 면할 수 있는, 만 14세에 이르지 않았다는 게 다행이라면 다행이었다고나 할까. 평화란 얼마나 깨어지기 쉬운 물건이던가. 명색이 선생인데 제 아이를 잘못 가르쳤다 싶어 보이자 미쳐갔고(그 순간을 '견딜 수 없었다'고만 말할 수 없다.), 그런 엄마 때문에도, 자신 때문에도 아이 역시 미친 날들이었다.

나는 심지어 부엌에 있던 그릇들을 닥치는 대로 바닥으로 던졌고, 아이는 자기가 왜 그랬던가 벽에 제 머리를 마구 찧었다. 처음은 망설이며 하지만 다음은 쉽다.

그 지경이 되자 '무식한 울 어머니' 생각이 났다. 잔소리도 별 안 하는 양반이 몇 마디라도 하실라 치면 나는 단 한 문장으로 어머니 말씀을 막았더랬다.

"저만큼 답답하셔요?"

내가 답답했던들 아이만큼이었을까? 애를 못 가르친 나에 대한 자책을 시작으로 처음에는 화난 내 마음만 먼저 보였다. 악의나 고의가 없이 그야말로 잘 몰라서도 아이들은 폭력을 휘두를 때가 있다. 자신의 행동이 문제가 됐을 때 아이가 더 두려웠을 걸, 내가 먼저 보여서 나 역시 아이에게 폭력을(물리적이지 않았더라도) 휘둘렀다. 문제가 생겼을 때 그것을 어떻게 보고 어떻게 해결할 것인가, 그걸 가르치기에도 더없이 훌륭한 상황에서 나는 최악으로 행동하고 있었다.

어디서부터 잘못된 걸까, 우리는 이 터널을 무사히 빠져나갈 수 있을까.

광기의 시간을 무사히 건널 수 있었던 것은

"우리 ○○ 완전 꼭지 돌게 해요!"

"정말 □□ 때문에 미치겠어요!"

엄마들이 자주 하는 하소연이었다.

그런데 꼭지 돌게 하는 게 정말 아이일까? 아이가 우리를 화나게 했지만 정말 그게 다일까?

사춘기라면 크게 두 가지로 요약되는 시기다. 하나는 신체적 변화일 테고, 또 하나는 자기 정체성을 모색하는 때. 내가 누구일까 생각하기 시작하고, 내가 담긴 세상이 출렁이고, 내가 흔들리고….

아이의 행동이 시작점이지만, 그것으로부터 일어나는 건 아이가 아니라 엄마 감정이었다. 아이의 문제가 아니라 엄마의 문제, 그 흔한 말이, 더구나 내가 엄마들한테 했던 바로 그 말이 내 등짝을 후려쳤다. 내가 아니라 아이 때문에 미쳤는데, 나 때문이라는 걸 인정하기가 힘들었고 결국 내 감정의 문제라는 걸 받아들이기 힘들었던 것, 내 마음 챙기는 게 안 됐던 것이다.

아이는 아이대로의 몫이 있었고, 엄마는 그 시기 그렇게 엄마 몫이 있었던 거다. 촉발자는 아이지만, 미치겠는 내 마음은 나의 것,

엄마의 것이었다. 잘못한 아이의 행동이 문제가 아니라 그것을 보고 내 안에서 일어나는 내 감정, 다른 사람의 감정이 아니라 내 감정이 문제임을 받아들여야했다.

쉼 호흡을 했다. 간장 장아찌를 담글 때 간장을 끓여서 한소끔 김을 빼고 독에 붓는다. 딱 그 한소끔이 있어야 했다. 그 쉼 호흡 두어 번이 그토록 긴 날을 필요로 했던 것. 화에서 나를 구원해준 건 대단한 무엇이 아니라 겨우, 하지만 우주를 들어 올리는, 바로 쉼 호흡이었다.

그건 사춘기를 보내는 아이와 함께 겪을 수 있는 생의 신비이기도 했다. 또 다른 내 한계를 보게 되고, 나를 연민하게 되고, 이해하게 되고, 나아가 사랑하게 되는. 그리하여 마침내 아이의 부정적 감정에 대해서도 수긍하게 된 것이다. 수긍하기는 잘했다 당연하다가 아니라, 화나겠네, 짜증났겠네, 못 견디겠네, 힘들겠네… 비로소 같이 우리의 길을 모색하게 되었다.

우리가 광기의 시간을 무사히 건너갈 수 있었던 또 다른 배경에는 우리가 절대적으로 '함께 보낸 날들'이 있었다. 학교를 다니지 않았기에 가능했던! 서로 많이 알았고, 충분히 알았으며, 깊이 사랑하고 존중했다. 산골에서 장을 담그거나 하는, 시간을 들이는 일이 우리에게 전해준 기다리는 법 같은 것도 큰 교과서 아니었을지.

하지만 감정에 직면하는 문제가 그리 간단치는 않았으니!

상처가 자신을 해치지 않도록

태풍은 부는 때만이 다가 아니었다. 할퀴인 생채기를 회복하는 일은 더디고 오래였다. 지나갔다고 생각한 일이 여전히 우리 안에 시퍼렇게 남아 서로 마찰하는 부분이 있었다. 박물관에 넣어두고 이제 앞만 보고 가면 된다고 생각해도 박물관의 잠금쇠는 너무 허술해서 또 문을 깨부수고 나왔다. 서로 너무 잘 알아서 건드리지 않고 비껴가던 문제가 마음이 상하는 어떤 지점에서 또 불꽃 튀게 되는 거다.

아이가 스물을 맞고 엄마와 아이는 전면전을 치렀다. 대화는 원활하지 않았다. 어떤 문제를 뿌리까지 들어가서 캐내기가 쉽지가 않아 뿌리는 돼지감자처럼 무섭게 또 번져갔던 것이다.

아이가 말했다. 엄마랑 교육자가 같으면 안 되는 거였다고. 엄마의 억압을 극복하는 게 자기 인생 과제였단다. 아이는 덧붙여 말했다. 엄마가 했던 반응에 대해, 그러면 안 되는 거였다고! 저도 놀라고 나도 놀랐던, 부엌의 그릇을 던졌던 일은 아이도 화가 나면 그런 반응을 생각하게 된다고 했다. 보고 배우니까.

내가 보낸 시간, 우려의 시간, 외면의 시간을 아이가 정리해준 셈이었다. 더하여, 아이가 결정타를 날렸다.

"(그때) 무서웠어요."

첫째는 엄마일 테고 다음은 세상이었을 테다. 아, 내가 살면서 무서웠던 시간들이 겹쳐지면서, 그 어린것이 얼마나 무서웠을까를 생각하는데… 아버지도 멀리 있고, 친구들도 멀고, 산골에서 믿을 데라고는 엄마밖에 없는데, 엄마까지 무서웠으니….

자꾸 내 상처가 들쑤셔져서 잘못에 대한 화만 내느라 그 아이를 부정하기에 정신없었던 초창기처럼은 아니어도 그 아이를 더 충분히 안아주지 못했던 거다. 나는 사랑이 모자란 사람이었고, 교사로서도 엄마로서도 적절치 못한 사람이었다.

그런데 더 놀라운 건 다음이었다.

"그래도 어머니는 대부분의 일에서 먼저 야단치거나 넘겨짚지 않고 제게 무슨 일이냐 항상 물어봐 주셨어요. 그래서 어머니께 무슨 얘기든 다 할 수 있었던 거고요."

아이는 내가 저지른 억압과 반응에 대한 비판만이 아니라, 엄마가 자신에게 한 긍정성까지 짚어주었다. 자신이 누린 황금빛 유년과 아름다운 자유와 받아온 넘치는 사랑, 더하여 부모에 대한 자랑스러움을 말했다. 세상에! 내가 아이에게 '퍼붓고' 있을 때 말이다.

아이들은 그런 존재다. 그들이 더 많이 참고 더욱 현명하다. 그러니까 우리는(애들한테 뭐라 그러지 말고) 잘 살 일이 되는 거다. 내 삶의 크기만큼 아이를 만날 수 있으니 내 삶, 엄마의 삶이 중요해지고, 그런데도 아이들이 더 커다란 존재이니 그 존재를 안아내기 위해서도 또 내 삶, 엄마의 삶을 키워나가야 하는 게다.

더 일찍 알았더라면 좋았겠지만, 지금이라도 알아서 다행하다. 내가 비틀거릴 때 아이들은 그렇게 제 스스로 생을 걸었다! 잘못한 일들, 그것이 사라지지는 않는다. 하지만 그 잘못에서 내가 어디로 가는지는 내가 결정하는 것이다. 타인을 들먹이고 탓하며 지금 잘못 가는 것도 타인의 잘못인 양 핑계대지 말자, 부디 저나 나나 상처가 자신을 해치지는 않도록 하기로!

일어날 수 없는 일은 아무것도 없다

아이 다섯 살 무렵 미국 필라델피아의 브루더호프 공동체에 한동안 머문 적이 있다. 의사결정기구를 제외하고는 공동체의 모든 영역에 함께했고, 거의 모든 가정에 초대돼 구성원들과 다양하게 교류할 수 있었다.

공동체 전체 모임과 개별 활동들이 균형을 잘 이룬 그곳에서 나는 특히 청소년과 청년들에게 관심이 많았다, 저 젊은 혈기들이 세상으로 나가지 않고 공동체에 어떻게 남아 있는 걸까 하는.

그들은 학교를 다녀오면(초등학교는 공동체 안에 있었다.) 마을 풀을 베거나 동생들을 돌보거나 농사를 거들거나 집안일을 하고 있었다.

금요일 저녁이면 청소년 포함 청년들끼리 모여 흥겹게 놀이를 하며 젊음을 풀었다. 밥상에서는 부모들과 읽은 책에 대해 얘기를 나누었는데, 아버지에게 고전은 아들에게도 고전이니, 그 밥상자리가 준 감동은 퍽 오래갔다. 청소년기 아이들이 그렇게 '건강하게 에너지를 발산하는 길'들이 결국 공동체를 계속 지속토록 하겠구나 싶었다.

나는 공동체실험과 새로운 학교운동을 오래 해왔다. 나이 스물둘에 시작한 일이 쉰을 넘었다. 오늘 일어날 수 없는 일은 아무것도 없었다. 사람과 사람이 모여 사는 일이란 게… 말해 무엇 하랴. 그런 줄 이미 알았으나 갈등은 뜻밖의 일이 되고, 좌절과 고통은 어떻게도 표현할 길이 없었다. 2005년께 언저리였다.

없었더라면 더 좋았을 것이나 어쨌든 그런 일이 내게 일어났다. 억울하고 분한 마음은 몸으로 와서 여러 날을 드러눕기도 했다. 그런데 인류의 역사를 보더라도, 한때 너무나 찬란했던 고대의 문명조차 결국 인류의 역사에서 사라졌다. 뭔가 일어나고 자라고 절정에 이르렀다 결국 다시 사라지는 것이 자연스러운 일이더라. 고통스러운 시간이 인간과 우주를 넓게 보게 하고 작게는 자신이 어떤 사람인지 보게 했다. 다행스러웠던 것은 그 과정이 인간에 대해 좌절하게 하고 등을 돌리게 하지는 않았다는 거다.

그것 역시 순전히 그 고통을 관통하며 사람의 일을 깊이 헤아려봄으로써 가능했다. 그도 선하고 나도 선해도 일어날 수 있는 사람의 일이 갈등이다. '그런 줄 알아도' 그것을 지날 때는 고통스럽고, 어떠한 말도 위로가 되지 못하는 시간이 있다. 그럴 땐 자신도, 그리고 그런 이를 보는 이도 무언가를 하는 것이 아무런 해결에 이르지 못하기도 한다. 분명한 건, 모든 것은 결국 지나간다!

빛나는 기억들이 우리를 밀고 간다

"누구네 엄마는 참 좋겠어, 사춘기 아들이 말도 잘 듣고!"
한단 선수가 저녁밥상 차리는 일을 도우며 그럽니다.
그러게요. 기실 사춘기라는 것도 우리 삶의 직선 위에 존재하는
한 연속성에 다름 아니지요. 그리 요란스러울 일도 아닙니다.

10. 12. 물날. 흐려지는 오후 / 날적이 가운데서

숱한 태풍이 우리를 지나간다. 그건 수월하게 아무런 일도 일어나지 않았던 것처럼 스치기도 하지만, 나무가 뿌리째 뽑히는 강도로 우리 삶에 생채기를 남기기도 한다.

우리를 불편케 하는 그 태풍이 또한 우리를 살렸다. 한 뼘씩 쑥쑥 자라나는 아이들을 보노라면 우리에게도 그런 어린 날이 있었다 일깨워진다. 어쩌면 어른이 되어가는 건, 일종의 신성성을 잃어가는

일이고, 아이들은 우리의 신성성을 일깨우는 존재다.

아이를 키우는 일은 깨달음에 숟가락 하나 얹는 일이지 않나 싶다. 방해 말고 그의 밥 먹는 일에 걸리적거리지나 않게 숟가락이나 바르게 잘 놓아주기. 그릇이나 집어 던지지 말고!

어제도 남편과 아이의 흉을 보았다.

"걔는 정말 왜 그래?"

"애가 좀 그렇잖아."

"똥돼지!"

"그러게, 어릴 때는 진짜 귀여웠는데…."

대개의 대화는 그렇게 귀결된다. 그것마저 없으면 자주 마음에 들지 않는 아이를 어쩌랴. 함께 보낸 뜨거운 시간들에 대한 회귀로도 우리 관계는 오늘도 무사하다.

우리는 아이들의 삶을 기억한다, 그것도 대체로 선명하게. 그들이 우리를 배반할지라도 우리는 결코 노여워질 수 없을지니!

우리가 무슨 복이 있어 한 인간이 성장하는 위대한 과정에 동행할 수 있었단 말인가. 환하게 웃는 그것들 보며 모든 시름이 지던 그때가 기억나시는지. 그래서 또 지금 아이랑 행복한 건 중요하다. 그건 다시 맞을 어려운 시간의 자양분이 될 것이기 때문이다.

빛나는 기억들이 우리 삶을 밀고 가노니!

◎•◎•◎

그 여름밤의 메일로 황폐해졌던 우리 집에도 풀이 나고 꽃이 피고 새가 찾아들었다. 지나고 나니 나만 아이를 키우는 게 아니어 그 일의 피해자였던 엄마가 같이 자식 키우는 처지에 대한 이해와 명확하게 문제를 들여다본 지혜로 수습을 도왔다. 또 함께 그 시간을 건넜던 또 다른 엄마가 역시 자라는 아이들에 대한 이해로 그 사건을 인지하며 균형을 잡아준 도움에도 크게 기댔다.

그뿐 아니라 아이를 둘러싼 '의미 있는 타인'들이 또한 있었다. 더하여 결국 자신만이 자신을 구하는 게 또 사람이라, 무참(無慚)하였으나 거기서 천천히 설 힘도 얻었다. 내가 살아온 세월의 힘이 또 나를 살아가게도 하였다.

하지만 지금도 아이의 잘못은 어른의 잘못, 전적으로 내 잘못이었다는 생각에는 변함이 없다. 아이들의 실족은 거개 그들이 잘 몰라서 일어나는 게 크니까.

잃어버린 것과
다시 못 올 것에 대하여

아이가 수학여행에서 돌아왔다. 제주도에서 감귤초콜릿을 사왔다. 간 뒤에야 간 줄 알고, 온 뒤에야 온 줄 알았다. 기숙사에서 지내고 있으니 엄마가 일정을 일일이 확인할 번거로움을 아이는 만들지 않았다. 가끔 부모동의서라든지 부모확인서 같은 서류가 필요할 때조차 '이런 게 있는데, 제가 알아서 냈어요.' 정도로 정리했다. 자모회에서 결정되는 사안도 아이에게 들었다. '그런 걸로 힘 빼고 신경 쓰지 마세요'로 압축해주었다. 산골 깊숙이 사는 엄마가 자모회에 별 영향을 받을 일도, 그렇다고 줄 일도 없었으니. 세월호가 가라앉고 1년 뒤 한단은 고2가 되었고, 전면 중단되었던 수학여행 길은 다시 열렸다. 아이가 자라는 동안 가까이서 지켜본 선배한테서 마침 전화가 들어왔다.

"세상에! 애가 수학여행을 갔는지 어쨌는지… 돈도 한 푼 안 쥐여
줬는데…."
가끔 부모로서 한심하다 싶을 때 푸념을 늘어놓을 저장소가
되어주는 선배가 대꾸했다.
"그렇게 갔다가 못 돌아온 거잖아, 세월호 애들…."
순간, 그만 털썩 주저앉았다.

◉•◉•◉

작고 약한 것을 살피는 마음

겨울은 길고, 모질었다. 산마을 낡은 집에서 자꾸 등이 뻣뻣해지는 겨울을 나는 일이란 무엇으로도 대신할 수 없는 칼날이었다.

사람에게만 그런 것이 아니었다. 겨울이면 산짐승들이 먹이를 찾아 내려오는 일도, 어쩌다 작은 짐승들이 얼어 죽은 걸 보는 일도 드물지 않았다. 학교 아저씨가 물꼬를 비우는 설에는 아이가 집짐승을 먹였다. 그 움직임의 끝은 독에서 쌀을 퍼내 학교 동쪽 개울에 흩뿌리는 것이었다. 개울가에서 언 비둘기를 발견한 뒤로 아이는 쌀을 퍼내기 시작한 것이다. 그건 아이의 외할머니가 산마을에 올 때면 묵은 곡식들을 바가지로 퍼다가 산 쪽으로 훠이훠이 뿌리는 걸 보았기 때문이기도 했을 것.

작은 것, 약한 것을 살피는 마음을 나는 '염치'를 포함하여 '사람의 마음' 혹은 '사람의 노릇'이라 이른다. 교육이 꼭 하나를 선택해야 하는 문제라면 나는 단연 그것을 고르겠다. 사람의 마음을 저버리지 않는 것, 사람노릇 하는 게 결국 교육의 궁극이 아닐지. 아이들을 바라보며 저 아이들을 걱정할 게 없겠다 싶은 순간을 되돌아보면 특히 그들이 다른 존재를 따뜻하게 보살피고 있을 때였다.

내게도 작으나마 그런 마음이 있다면 그것은 아마도 외가의 마당으로부터 왔을 것이다. 욕실이 아직 집 안에 들어가지 않던 시절, 외할머니는 겨울이면 뜨거운 물을 수돗가로 내주셨다. 거기 발을 닦으면 꽁꽁 언 몸이 푹 담근 듯 개운했다. 일어나 그 물을 마당에 휼 뿌릴라치면, 얼른 할머니는 아서라 하셨다, 산 것들이 죽는다고. 모든 게 다 죽은듯한 겨울이지만 생각해보면 수돗물 내려가는 도랑에서도 살아가는 것들이 있다. 그들 목숨도 같은 처지인데 마당의 산 것들만 생각했던가 싶지만 그 같은 논리의 영역이 아니었다. 할머니는 그저 마당이 먼저 보이셨을 테고, 얼마나 뜨거울까를 생각하셨을 게다.

자기보다 약한 존재를 지켜낸 시간들

아침 해 건지기(아침수행)를 막 끝내고, 아이는 짐승들 먹이를 주러 갔다가 산마을이 떠나가라 쫓아왔다. 5월이었다.

"엄마, 어머니, 어머니, 병아리 깠어요, 병아리!"

큰 닭이 알을 품기 여러 날, 그예 병아리가 나왔다, 여덟 마리! 아이의 웃음소리를 따라 "우헤헤헤헤!", 그것 보자고 산골 봄이 그리도 길었던가 보다.

"세상이 가끔 이런 이벤트도 주어야 살고 싶을 것 같아요."

아, 저 당당한 생명들이라니.

봄이 오고, 암탉 두 마리가 달걀을 낳기 시작했다. 하루에 두 개씩 꼬박꼬박. 우리 닭이 낳은 달걀을 바로바로 꺼내 먹으니 신선하고, 맛있다. 집에 오는 손님들께 달걀로 요리를 해드리거나 삶아드리면 아주 좋아한다. 판매되는 달걀이 아니라 이 좋은 산골에서 나왔다는 생각에, 자랑스럽기까지 하다.

(…) 지난달에 병아리를 부화시킬 생각을 해 보았다. 잠자는 방 안에 짚을 잘 말아서 편안히 앉을 수 있게 했다. 간혹 달걀을 꺼내러 가면 닭이 앉아 있었는데, 알을 낳는 건지, 알을 품는 건지 아리송해서 확신이 안 섰다.

지난주, 지지난주 여행을 다녀왔던지라 달걀에 대해서는 잊고 있었다. 그런데 이틀 전 아침, 여러 일로 다른 생각을 하며 대충 밥을 주고 나왔는데 뒤에서 '삐약삐약' 소리가 나는 게 아닌가. 조그마하면서 동글동글 몽실몽실한 여덟 마리의 병아리들이 껍질 속이 답답했던지 자유롭게 뛰어다니고 있었다.
정말이다. 자연적으로 부화된 병아리들이라 그런지 걷는 속도도 빠르고, 단단해 보였다. 만져보고 싶었는데 너무 빨리 달려서 도저히 잡을 수가 없었다. 귀여운 것들이 앞에서 왔다 갔다 하니까 피곤함이 싹 가시면서 하루가 즐거워졌다. 길을 걷는 애기들도 병아리로 보이고, 머릿속이 온통 노란색이다.
어제까지 없던 생명이 내 앞에 있다는 게 꿈만 같다(가끔 세상이 우리에게 이런 이벤트도 주어야 삶이 살고 싶을 것 같다). 산짐승들이 병아리를 가만히 놔둘지 걱정이 앞선다. 옛날에 고양이가 닭장 안에 들어가서 병아리를 휩쓸고 간 일이 되풀이되지 않길 바란다. 긴장해야겠다.
병아리들이 지금은 조그맣지만 나처럼 건강하게 자라서 큰 닭이 되었으면 좋겠다.

그해 봄 / 열다섯 살, 한단의 글, 한 인터넷 매체에 쓴 글 가운데서

아이가 산목숨을, 누군가를 지켜내는 일, 자기보다 약한 존재를 지켜내는 시간은 이웃 할머니들을 챙기는 것으로, 그리고 산골 살림에 지친 엄마로도 확장되었다. "저런 나무 한 그루만 날마다 보고 살아도 충분하대요." 한단은 물꼬 방문객들을 데리고 마을의 큰 느티나무로 안내하고는 제 어머니가 했다는 말을 들려주곤 하였다.

삶의 방향을 어디로 할 것인가

잠결에 아이가 다가와 뭐라고 했는데 깨어서는 그만 잊고 아이를 불렀다. 대답 없는 아이의 방문을 열고 개켜진 이불을 보고서야 생각해냈네. 더덕주를 담가 아버지한테 보낸다고 새벽부터 홀로 더덕을 캐러 산에 갔다. 눈꺼풀만큼 무거운 게 없는 줄 안다. 천하장사도 못 든다는 눈꺼풀. 아이는 잠이 많았다. 그런 아이도 마음을 세우면 잠을 이겼다. 물론 그리 자주 있는 일은 아니었지만.

날씨가 사나운 날이라면 벌써 아이가 마을을 한 바퀴 돌고 오는 아침결이었다. 거동이 불편한 할머니 댁에 가서 마당을 쓸어주고 눈이 멀어가는 할머니 댁에선 불을 때고 청소를 해주고 왔다. 귀찮고 힘들 때도 있었을 것이다. 하지만 그렇게 불편을 뚫고 나오는 마음, 게으름을 밀고 일으키는 마음, 그런 것들이 사람의 마음이리. 우리가 처음부터 끝까지, 여기서부터 저기까지 다 그렇게 애쓸 수 없어도 전체적인 삶의 방향을 그리 가져갈 수는 있지 않겠는지.

"한 번 하기야 쉽지."

그리 말할 건 아니다. 한 번도 안 하는 사람도 있는걸. 그 한 번이 귀하다. 그러면 또 할 수 있을 테니까. 아이가 그런 마음을 내지 못한 날이 더 많을 수도 있겠지만 그만만 해도!

또래 여학생을 성매매 시켰다는 중학생들이 있었다. 아이들에게 늘 살자고 외치는 내가 드물게 죽자고 말했던 적이 있다, 바로 그 사건의 내막을 듣고서다. 아이들과 죽음에 대해 말할 일이 얼마나 있겠는가. 아직 살날이 더 많은 나이인 그들이고, 죽음은 희망 반대편에 앉은 것이니까.

가차 없이 죽음을 말했다. 세상엔 선만큼이나 악이 널렸고, 나이는 우리 생 모든 것에 걸쳐 있으니 어느 나이대가 어떤 악인들 없을 수 있을까. 그들은 유흥비를 벌기 위해서였다고 했다. 밥을 얻기 위해서도, 누군가를 위해서도 아니었다. 유흥비인들 아이들에게 중요하지 않겠는가만 아무렴 먹는 것 만큼일까. 그렇게까지 해서 영위해야 할 삶이라면 그때는 차라리 죽음을 택하자고 했다.

우리가 사람의 마음을 포기할 때 그걸 어찌 산자라 할 수 있을까. 세상 모두가 수고롭게 살지만 그렇다고 모든 수고가 정당한 건 아니다. 어떤 방향으로 가느냐, 먼 곳에 이르러서는 그 차이가 광대하고야 말 것이라.

우리 삶의 존엄을 지키며 살아내기를

2014년 7월 한 달을 아일랜드에서 보냈다. 한국에서 중학생들의 자유학기제 모델이 된 아일랜드의 전환학년제(Transition Year Program)를 돌아보고 있었다. 제도권 학교를 지원하고 보완하는 일을 해온 근래의 행보대로 자유학기제의 코디네이터 역할을 수행하기 위한 목적이었다.

자유학기제의 취지는 '한 학기(대개 1학년 2학기) 동안 지필고사와 같은 시험 부담에서 벗어나 토론과 실습 등 직접 참여하는 수업을 받고 꿈과 끼를 찾는 다양한 활동을 한다'는 것이었다. 아일랜드에서는 9학년 뒤 한 해 동안의 탐색기를 거치지만 한국에서는 중학교 1학년 한 학기(2018학년도에는 1,500여 개 학교가 '자유학년제' 시범). 귤이 회수를 건너면 탱자가 된 예이런가.

진로 탐색이란 이름으로 너무 일찍, 너무 한 방향으로 자신의 삶을 규정해버리는 건 아닐까. 자유학기제가 본 의미를 갖자면 '제한되지 않은 환경'에서 '하고 싶은 것을 할 자유와 하고 싶지 않은 것을 하지 않을 자유'를 가질 기회가 많아야 하고, 그것이 아이들의 내적 성숙과 균형을 이룰 수 있어야 할 테다.

열여섯 살(중학교 3학년)까지 학교를 다니지 않았던 산골 아이는 제도 안에서 고등학교 3년을 무사히 마쳤다. 아홉 살까지 굳건하게 'bus driver'라고 대답하던 꿈(꿈이 꼭 직업은 아니니)이 엄마의 적극적인 권유에 잠시 농부였다가 사춘기를 거치며 '시 쓰는 뇌과학자'에 이르렀다. 한단이 보낸 열여섯 살까지의 자유로운 삶은 자유학기제, 전환학년제를 16년간 한 셈이었다.

남편과 내가 바르셀로나에서 1년 연구년을 보내게 되었을 때 사람들이 한결같이 한단은 어쩌고 가느냐고 물었다. 생각도 못한 질문이었다. 나이가 스물인걸. 혹여나 하고 혼자 잘 지낼 수 있겠느냐 물었더니 아이가 말했다.

"어떻게든 해요!"

아이들을 공부로 학원으로 뺑뺑이 돌리지 않아도 저들 일은 저들이 알아서 한다. 그들에게 필요한 것은 한껏 보낼 시간과 공간일 뿐이다. 우리 어른들이 더할 것이라면 그저 사랑 혹은 안전망, 그리고 우리 삶이나 살면 된다.

시간적으로는 지금도 좋고 나중도 좋고, 공간적으로는 나도 좋고 너도 좋을 때 그것을 진리라고 할 수 있다던가. 행복하기 위해 사는 게 아니라, 행복한 날이 쌓여 행복한 삶이 된다. 생일날 잘 먹으려고 이레를 굶는다니. 행복은 노력해서 나중에 행복해지는 게 아니라, 지금 행복한 줄을 아는 것이다. 아이랑 보낸 20년, 대체로 행복했다고 말할 수 있는 것은 그 때문이다. 행복도 강박이 되어 외려 불행을 양산하는 시대, '행복'이란 낱말을 비껴가 표현하자면 지금도 우리는 '괜찮다'.

삶이 어디로 갈지 어떻게 알겠는가. 그 사람의 생각은 그 사람이 걸어온 인생의 결론이라 했다. 현재 하는 그의 생각은 그가 스무 살까지 살아온 삶의 결론일 터. 그는 그의 삶을 살고, 나는 내 삶을 살아갈 것이다.

> 새벽의 이름으로,
> 눈꺼풀 열리는 아침과 나그네의 한낮과
> 작별하는 밤의 이름으로 맹세하노라,
> 눈먼 증오로 내 영혼의 명예를 더럽히지 않겠다고.
> 눈부신 태양과 칠흑 같은 어둠과
> 개똥벌레와 능금의 이름으로 맹세하노라,
> 어디에서 어떻게 펼쳐지든지 내 삶의 존엄을 지키겠다고.

다이앤 애커먼의 시 〈School Prayer〉 일부 편집

너의 안녕을 바라

4월 16일 아침은 알베르 카뮈의 소설 《페스트》가 시작되는 바로 그날 아침이기도 했다! 1940년대 페스트가 잠식한 도시 오랑에서 살고 죽는 이야기였다.

2014년 4월 16일, 세월호를 타고 제주도로 수학여행을 가던 아이들이 돌아오지 못했다. 침몰하는 배에서 구명조끼를 벗어서 친구에게 건넸고, 자기보다 어린 아이들을 지켰으며, 빠져나올 수 있었으나

친구를 구하러 다시 들어갔던 그들이었다.

병풍도 앞바다에 빠진 건 세월호만이 아니었다. 그것은 가난이나 무지 때문에 겪는 고통이 아니라 너나없이 한통속으로 좇아온 돈과 안락함에 대한 경고였고, 그 무엇도 우리를 지켜주지 못한다는 사무친 배신이었다. 우리는 세월호에 대한민국의 일상도 타고 있었음을 알아차리고야 말았고, 사람이 사람으로 살기 위해 정말 필요한 게 무엇인가를 새삼 물어야 했다.

적어도 죽음 앞에서는 동일할 줄 알았던 주검의 가치도 무참히 무너지는 나라에서 유가족인 한 엄마가 말했다. 먹고사느라 사회적으로 고통받는 이들에 대해 나와는 상관없는 거라 무관심했는데 결국 평범한 자신의 이야기였다고, 사회문제에 침묵할 때 그 화살이 종국에 자신에게로 왔다고.

나 역시 모든 슬픔의 끝이 세월호에 닿았고, 오랫동안 한없이 가라앉은 그 배와 함께 바다로 들어가 나오지 못하고 있었다. 분노는 둘째 치고 사는 게 다 무어란 말인가, 어떤 영광과 이익이 생목숨까지 버젓이 수장시킬 수 있는지, 이 세계에서 아이들을 지켜낼 수는 있겠는지, 하루에도 아흔아홉 번을 손 놓았다. 그래도 밥을 먹고 들을 나가고 영화를 보니, 인간사는 근원적으로 처연했다.

새벽에 내리기 시작한 비가 종일 내렸다.

아이가 수학여행을 갔다. 간 줄 이제야 알아차렸다.
돈 한 푼 쥐여 주지 않았다(못했다가 아니다).
아이 역시 딱히 달라는 말도 않았다.
단원고 아이들, 이런 상황에서 그런 일을 겪었다면, 아….
다들 그렇게 여느 날에 이은 하루가 되리라 생각했을 게다.
싸우고 간 아침이었을 수도 있을 것이다.
오면 안아줘야지, 그랬을 수도 있었을 것이다.
이 아이가 이 상태로 영영 돌아오지 못한다면….
이게 팽목항을 떠나지 못하는 마음들일지니.
또 눈물이 괸다.
세월호에 탄 사람들은 한꺼번에 죽었으나 또한 개별의 죽음이다. 가끔 다른 나라를 여행할 때 그 나라 사람들을 개별로 보지 못하고, 일상을 살아내는 한 사람 한 사람으로 보지 못하고, 그 나라 사람으로 뭉뚱그리고는 한다. 그래서 나는 그들을 알지 못했다.
세월호를 타고 돌아오지 못한 아이들은 그냥 '아이들'이 아니라, 하나하나이다, 오늘 수학여행을 간 내 아이처럼!

3. 18. 물날. 비 / 날적이 가운데서

우리는 살아남았다. 타인의 참척에 무사를 말하는 송구스러움이라니. 살아남았다는 사실이 죽음보다 더 우연인 나라에서 그 참혹한 시간을 아이들 벗들 동료들 이웃들 덕으로 건넜건만 나는, 세월호 가족들에게 이웃이 충분히 되어주지 못했거나 되어주지 않았다. 또한 나는 그 아이들에게 못 갔거나 가지 않은 어른이었다. 침몰 원인을 묻어야만 하는 은폐한 자들을 방치한 어른, 구하러 갈 테니까 가만히 기다리라며 배반한 어른. 마지막까지 구조의 말을 믿고 기다린 아이들에게 그간의 교육 체계가 만든 순응 탓이라고들 한탄하기도 했지만, 순전히 '구하러 오리라'는 믿음이 아니라면 아이들이 왜 가라앉은 배에 남았겠는가.

세월호도 그렇고, 미투도 그렇고 우리가 만나는 일상의 무수한 폭력도 그렇고, 우리가 피해자였다고 해서 가해자가 아닌 게 또한 아니었다. 그 폭력을 해결할 길은 용서하지 않는 것으로 수렴되었다. 용서에 이를 때까지 잊지 않는 것, 마주하는 것. 우리가 세월호 앞에 '잊지 않겠습니다!'라고 말한 까닭이 그것 아니면 무엇이었겠나. 그런데도 이제 할 만큼 했으니 그만 이야기하라니!

사람의 마음과 염치와 노릇을 악의적으로 왜곡해서 사람 사이를 갈라놓고, 왜 그렇게 터무니없이 아이들이 죽어야 했나 묻는 이들을 불순세력으로 몰아간 그들이 누구인지 용서할 수가 없다. 용서해서도 안 된다, 너였건 나였건.

아우슈비츠를 걸어 나온 프리모는 기록했다.

'나는 범죄자들을 한 사람도 용서하지 않았다. 지금도, 앞으로도 그 누구도 용서할 생각이 없다. (말로만이 아니라 행동으로, 그리고 너무 늦지 않게) 이탈리아와 외국의 파시즘이 범죄였고 잘못이었음을 인정하고, 그것들을 진심으로 비판하고, 그들과 다른 사람들의 의식으로부터 그것들을 뿌리째 뽑아내지 않는 한 말이다. 그렇게 되었을 때만 나는 용서할 수 있다.'

프리모 레비, 《이것이 인간인가》 가운데서

'사람의 마음'이 무엇이겠는가. 슬픈 이가 있다면 통곡하고 말할 수 있게 하는 것, 아픈 사람이 있다면 살피는 것, 손 내밀고 손 잡아주는 것, 같이 비를 맞는 것….

세월호는 우리 사회의 '사람의 마음'을 들여다볼 수 있는 정점이었다. 한 나라의 문명 수준은 불법행위와 부정의가 발생했을 때 피해자의 고통에 대한 사회적 공감의 정도와 수준에 달려 있다 했다, 이를 교정할 수 있는 제도적, 법적 장치의 완비 여부와 함께. 김동춘 교수의 말이었다. 그것이 아이들과 여전히 세월호를 말해야 하는 까닭일 것이다!

한다. 한국의 레너드 코헨이라 부를 만한 한 가수의 노래 '낭만에 대하여'가 있다. 낭만, 정서적으로 인생을 대하는 일을 그리 일컫는다. '사람의 마음'도 바로 그 낭만인 줄 나는 안다. '잃어버린 것에 대하여, 다시 못 올 것에 대하여'라는 구절로 끝나는 노래였다. 이 시대에 잃어버린 것, 다시 못 올 것만 같은 것 하나도 사람의 마음이 아닌가 절망할 때가 있다. 내 아이만 잘 키워도 고마울 일이지만, 또한 내 아이만 잘 키워서 될 일이 아니다. 곁에 우는 사람이 있다면 내 마음의 축제가 무슨 소용인가. 내 아무리 봄날이어도 곁에 아픈 이가 있다면 그게 또한 다 무슨 소용인가. 1980년대를 지난 우리 세대는 '1980년 5월 27일 밤 도청에 나는 남을 수 있었는가'가 저버리지 못할 물음이었다. 한 세대, 30여 년이 지난 우리 아이들은 세월호를 겪었다. '2014년 4월 16일 아침 세월호에 나는 없었는가', 우리는 동일한 물음을 던지고 있다. 그것은 진보인가 보수인가의 구분이 아니라, 우리 이웃의 안부가 내 안부이기도 하다는 예였다. 역사는 암담한 양 반복되고, 삶은 지루한 양 이어질지라도, 제자리걸음처럼 희망과 절망이 밤과 아침을 오갈지라도, 사람이 사는 나라에는 끝끝내 외면하지 않을 물음들이 있다.

물꼬에서 아침수행의 끝인사는 그래서 언제나 그러했다,

"좋은 하루되시기 바랍니다. 사랑합니다."
그대가 행복해야 내가 그럴 수 있다는, 너의 안녕을 바란다는.
네팔이나 인도가 아니어도 우리가 자주 하는 그 인사
'나마스테'처럼! 내 안의 신이 그대 안의 신에게 인사합니다, 나는 이
우주를 모두 담고 있는 당신을 존중합니다, 나는 당신에게 마음과
사랑을 다해 경배합니다, 나는 빛의 존재인 당신을 존중합니다,
우리는 모두 하나입니다, 나마스테!

닫는 글

농부는 물꼬 보러 갔다 생을 마친다

1.

아주 가끔, 옳고 그른 게 어딨냐, 아이들에게 그런 걸 가르치는 건 위험하지 않으냐는 질문을 받을 때가 있습니다.
음…, 교육에 중립이 있다고 생각하시는지요?
그렇지 않습니다. 교육은 자고로 정치적입니다.
어차피 각자가 옳다고 믿거나 옳기를 바라는 것을 가르치는 것, 그게 교육 아닐는지요. 그러므로 교육은 어떤 세계관이 승리하느냐의 문제라고 할 수 있을 것입니다.
그리하여 저는 나쁜 것과 옳은 것이 있다고 보며, 옳은 것을 가르치고자 합니다. 한편 절대선이 어딨고 절대악이 어딨냐며, 그 속에 삶의 균형을 가르쳐야 하겠지만.

4. 29. 쇠날. 흐림 / 날적이 가운데서

2.

우리 가족 셋은 '동태 삼종 세트'다. 아버지 없으면 동태 돼, 어머니 없으면 동태 돼, 남편 없으면 동태 돼, 마누라 없으면 동태 돼, 아들 없으면 동태 돼, 서로가 서로에게 없으면 비틀거린다, 라고 쓰지만 내용은 바보가 따로 없다, 이다.

우린 개별로 많이 모자라고, 그래서 서로가 서로를 받쳐주며 산다. 가족 구성원, 물론 이때의 가족은 굳이 피로 이루어져야 한다는 의미가 아니라, 함께 사는 사람, 생활을 그리고 삶을 나누는 사람이란 의미가 클 것이다.

흔히 자신의 삶에 가족이 가장 큰 힘이었다고들 한다. 맞다! 오랫동안 학교를 가지 않았던 아이가 곁에 없으면 가능하지 않았던 산골살이였다. 아이가 가진 생명력과 자발성이 어리석은 엄마를 구원하기도 했고, 곁을 지키는 아빠는 어리숙한 아내와 천지 모르는 아이의 파수꾼이었다.

우리 집에는 어떤 행운에 대해 그것이 누구의 복인가를 따지는 우스개가 있다.

배경은 이렇다. 삼남매를 둔 '무식한 울 어머니'는 일찍이 홀로 되셔서 이고지고 다니던 장사를 시작으로 가장 노릇을 해야 했다. 위로 두 아들은 당신 곁에 두시고 남은 딸은 외할머니 편에 맡겼는데 그 여식(그러니까 나다)에게 학비 한번 쥐여 준 적 없고 신접살림에 그릇 하나 장만해준 적이 없다.

이 여인은 해준 것 없는 딸애에게 미안하기도 하고 고맙기도 했는데, 가난한 딸이 어렵게 어머니 비행기를 태워드리게 되었더라지.

그런데 해외여행을 가서 그 엄마, 딸에게 고맙다는 말 이전 도도하게 머리 들고 입을 샐쭉거리시며 "다 내 복이다!" 했다. 거기 고마움이 왜 없고, 겸연쩍음이 왜 없으셨겠냐만.

내가 노모를 그리 걱정 않고 사는 것은 어쩌면 그런 다소 이기적인 듯한 모습 때문이기도 할 게다. 각자 제 삶 꿋꿋하게 잘 살아주는 게 복이고, 그 속에 언덕이 되어준다면 더한 복이라. 우리 모두 서로가 서로에게 복이었으리.

그가 없는 세상을 상상하지 못했던 벗을 백혈병으로 잃던 날, 나는 아이가 배 속에 온 걸 알았다. 더 각별하게 느껴지던 아이였다.

가장 가까이에서 내 온 삶을 보았고, 흔들리고 실수하고 잘못하는 것까지, 그런데도 용서하고, 용서하고 또 용서하는 존재처럼 아이는 변함없이 사랑과 존경을 건넸다. 아이들은 그런 존재다.

3.

'… 남들 하는 걸 대체로 다 하지 못하던 때에는 남들 하는 걸 하지 못하는 열등감에 흐린 날도 있었고 언제쯤 하게 될까 괜히 내 속을 내가 긁는 날도 많았어요.
그런데요, 옥샘! 수도꼭지에서 콸콸 쏟아지는 물을 바라보고 변기 물을 내리다가, 엘리베이터를 타고 하염없는 것처럼 느껴지는 잠깐을 올라가다가, 돈만 내면 얼마든지 물건을 집을 수 있는 마트에서 장을 보고 돌아서다가 문득문득 무언가 어정쩡한 마음이 돼요.

이렇게 살아도 되는 건가 다들 이렇게 사니까 이렇게 사는 게 아무렇지 않아야 되는 건가 멈출 수 없는 수레바퀴에 다들 올라서 있다고 고백하고 굴러가는 걸 창피해하지 않아도 되는 건가, 생각해요.
그렇다고 달라지는 게 있지도 않아요. 날마다 정신 사나운 아침을 보내고 어떻게, 어떻게 하루가 가고, 아이들이랑 싸우고 먹이고 먹고 씻기고 버리고 추리고 그러다 보면 시간이 깡총깡총 뛰어가니까 잠깐씩 그러고 마는 거예요.

저같이 사는 사람들한테 물꼬는 죄를 사함을 받는 면죄부 같은 공간이었고, 깔끔하고 스마트하게 아이를 키우면서 또 새로운 세상을 접(!)해보라는 부모들의 얄미운 욕심에 넉넉하게 응대해주는 곳이었으며, 엄청난 카리스마와 보고도 믿어지지 않는 놀라운 능력으로 의연하게 지금까지 이어온 진한 역사였어요.'

흔들리고 있는 시간에 학부모이고 벗인 선정에게서 닿은 편지였다. 어려운 시간 그와 같은 응원이 나를 또 살려냈다.

우리 아이들에게 우리가 그럴 수 있다면, 그렇기만 하다면!

4.

아이를 키운 이야기, 그것은 결국 그 아이를 키운 엄마 이야기다.

사람, 참 안 변한다. 그런데 그렇기만 하다면 교육이란 게 얼마나 허망한 일이겠는가.

여전히 교육이 할 수 있는 일이 있다 믿는다. 나 역시 배움을 통해 한 발씩 나아지고 있으니까, 때로 두 발 뒤로 가버릴 때도 있었지만. 돌아보면 아이에게 아쉽고 미안하고 안타깝고 한 일이 한둘일까. 그래도 굳이 아쉬움을 하나만 말하라면, 다시 아이를 키운다면 폭력에 대한 감수성을 기르는 데 게을리 하지 않겠다.

가령 미투 운동만 해도 결국 인간에 대한 예의와 존중의 문제 아니겠는가. 그리하여 우리가 살고 있는 인생이란 드라마의 결론이 무기력과 좌절이 아니기를, 그래서 우리가 계속 살기를, 살아서 폭력과 싸우기를!

아이들은 우리 보호막에 있기도 하지만, 어느 순간은 같이 배우고 놀고 일하고 사랑하고 연대하는 존재다.

5.

봄이 오고 어떤 변화도 일어날 것 같잖은 은행나무에서 움이 텄다, 북쪽 툰드라에도 찬 새벽은 눈 속 깊이 꽃맹아리 옴짝거린다던 육사의 시처럼.

좋은 세상은 좋은 사람이 만든다, 우리 한 사람 한 사람이 좋은 사람이 되자, 그것이 결국 좋은 엄마가 되고 좋은 선생이 되는 길. 더하여, 갑질의 세상에서 을들이 할 수 있는 일이 무엇이 있을쏜가. 어깨동무!

우리가 잘 살아 그게 아이의 삶으로 이어지게 하는 것. 그래서 희망 부재의 자리로 기어코 희망을 불러다 앉히는. 막연히 부추기거나 당신 하기 나름이라는 개인에게 전가하는 희망이 아니라 같이 그런 세상을 꾸리기 위해 어깨 겯는 것.

내 생각을 흘리고 당신 생각이 나오고 그렇게 모여 흘러가는, 그래서 큰 강물이 되어 바다로 모이는, 그게 내가 생각하는 혁명(革命), 개벽이다. 혁명, 종래의 권위·방식을 단번에 뒤집어엎는 이 일을 내 언어로 고쳐 풀어서 '명을 바꾼다'고 말하겠다. 결국 혁명은 다시 사는, 새로 사는 일.

사는 일이 때로 허망하나 자기 앞의 생을 살아 대면하는 것 말고 무슨 방법이 있겠는가. 그래서 나는 아이들과, 혹은 어른들과 오늘도 밥을 먹고 책을 읽고 따스한 이야기를 나눈다. 교육도 결국 삶을 말하는 것이리.

어찌 사냐, 어찌 가르치냐, 어쩌면 좋으냐, 나에 대해서 묻거나, 자신의 일에 대해서 묻거나 그것은 화자와 청자가 구분되지 않는 질문들이다. 이 세상은 나도 살고 너도 사니까. 사람살이 다 고만고만하다는 천만 번 말하고도 또 하게 될 그 말처럼.

(물꼬 일 하느라) 안 힘드셨어요, 안 힘드세요, 안 힘드시겠어요, 사람들이 물었다.

그냥 살았다. 그냥 산다. 그냥 살 것이다. 그냥!

6.

연재 중인 소설의 189회를 쓸 시점에 세상을 등진 나쓰메 소세키는 원고지에 '189'라고 쓰고 떠났다. 그처럼 물꼬에서는 물꼬의 삶을 살다 죽기를!

몇 아이들(어느새 청년이 된)과 밭에서 일하다 돌아와 저녁이 내리는 마당에 털퍼덕 앉아 숨을 돌릴 때였다.

"이렇게 살다 금세 죽을 거야. 그럼 그대들이 내 죽음을 증언해 줘."

"안 돼요, 옥샘. 그러면 저희가 너무 슬플 거예요."

"아니야, 아니야. 고생고생 하고 일하다가 지쳐 쓰러졌다는 게 아니라…."

평생 논에서 살았던 늙은 농부가 물꼬(이때는 그 뜻 그대로의 '물꼬')를 보러 갔다가 쓰러져 생을 마감한 것처럼 마지막 순간까지 사랑하는 그 일을 하다 생을 마쳤노라, 세상 끝 날까지 지극하게 살다가는 걸 기쁨으로 알았고, 그리 갔다고, 그걸 증언해다오.

물꼬, 뭘꼬?

자유학교 물꼬는 '아이들의 학교'이자 '어른들의 학교'로 같이 놀고 일하고 수행하며 배우고 익히는 곳입니다.

상설과정

학기 중 교환학생이나 이동학생, 위탁교육생으로 머묾

계절자유학교(계자)

여름과 겨울 5박 6일씩 두 차례 하며 장애아동 시설아동 저소득층 실직가정아동을 포함하여 전국에서 모인 44명의 아이들과 자원봉사자 20명 안팎(청소년 계자는 여름과 겨울 각 한 차례 1박 2일)

빈들모임(주말학교) 또는 주제가 있는 '어른의 학교'

달마다 한 차례 남녀노소 15명 안팎이 모여 물꼬가 하는 생각, 물꼬가 사는 방식을 나누는 자리

위탁교육

초·중·고 대상

통합교육

1. 정서행동장애를 비롯한 장애아 도움교실
2. 지체부자유와 건강장애를 제외한 장애아통합교육
3. 말(馬)을 통한 장애아 동물매개치료

명상센터

1. **'자기 돌봄'** 물꼬 머물기(물꼬 stay)는 달마다 셋째주말
2. **수행모임** : 춤 명상을 비롯한 여러 형태의 수행(명상과 수련)
3. **단식수행** : 한 해 한 차례 7일 단식
4. **쉼터, 여러 형태의 건강한 모임터**
5. **겨울 90일 수행**(11.15 ~ 이듬해 2.15까지)

자유학기제 지원센터

자율과정 수업, 캠프

학교 밖 청소년 지원센터

산마을 책방

"우리는 산마을에 책 읽으러 간다!"

물꼬 연어의 날(Homecoming Day)

자원봉사

유기농 농사일에서부터 일상노동, 교육일정에 자원봉사(품앗이샘)

학교 이념

스스로 살려 섬기고 나누는 소박한 삶,
그리고 저 광활한 우주로 솟구쳐 오르는 '나'!

자유학교 물꼬는

진리에 이르는 길이 꼭 학교라는 제도 울타리에서만 가능한가를 고민하고, 사람 노릇하는 것이 궁극적으로 교육의 목표라고 할 때 그것 역시 학교 밖에서도 이룰 수 있지 않을까 조심스럽게 주장합니다.

자유학교 물꼬는

오랫동안 천착해왔던 생태라거나 공동체라거나 무상교육 같은 무거운 담론에 이제는 거리를 좀 두고 어디에서건 뿌리내린 모든 삶의 수고로움에 찬사를 보내며, 이곳에서 나날을 살아가는 일 그 자체가 결과이고 이곳을 통해 사람들을 만나는 일 그 자체가 성과라 여깁니다.

자유학교 물꼬는

농산물 가공을 업으로 삼고 있지는 않으나 산골에 나고 자란 것과 그것으로 만든 몇 가지 물건으로 돈을 사기도 하고, 강연과 글쓰기를 비롯한 여러 가지 교육 관련 일로 살림을 보태고 있습니다.

자유학교 물꼬는

'새끼일꾼'이라 부르는 중고생 자원봉사 활동가들과 '품앗이'라 일컫는 자원봉사 활동가, 그리고 '논두렁'이라고 하는 후원회원들의 도움으로 꾸려집니다.

자유학교 물꼬는

1989년 '열린글 나눔삶터'를 시작으로 방과후 활동을 하다 1994년 첫 계절자유학교를 열어 163번째에 이르렀으며, 1997년부터 세 해 동안 도시공동체와 2004년부터 여섯 해 동안 상설학교를 실험하기도 했고, 십년 뒤의 생태공동체마을과 이십 년 뒤의 아이들나라(아이골)를 꿈꾼 적도 있으며, 2019년 현재에도 여전히 길을 찾아 두리번거리지요. 아닌 줄 알지만 책무와 당위로만 가는 길이 되지 않도록, 날이 더워져도 벗지 못하는 외투가 되지 않도록 뚜벅뚜벅 걸어왔던 지난 시간처럼 잘 맞는 옷을 입고 자신의 길을 향해 그리 또 발걸음을 떼려 합니다.

그리고 자유학교 물꼬는

굶주린 이가 먹어야 하듯, 아픈 이가 마땅히 치료받아야 하듯 아무 조건 없이 교육받을 아이들의 권리를 어떻게 지켜낼까 하는 고민만큼은 놓을 수 없는 숙제로 변함없이 삼고 있습니다.

29126 충북 영동군 상촌면 대해1길 12 자유학교 물꼬
연락처 043-743-4833(전송 043-743-0213)
http://www.freeschool.or.kr
E-mail: mulggo2004@hanmail.net

내 삶은 내가 살게
네 삶은 네가 살아

글쓴이 | 옥영경
펴낸이 | 곽미순 편집 | 김주연 디자인 | 이순영

펴낸곳 | 한울림 기획 | 이미혜 편집 | 윤도경 윤소라 이은파 박미화
디자인 | 김민서 이순영 마케팅 | 공태훈 옥정연 제작 · 관리 | 김영석
등록 | 1980년 2월 14일(제318-1980-000007호)
주소 | 서울시 영등포구 당산로54길 11 래미안당산1차아파트 상가 3층

대표전화 | 02-2635-1400 팩스 | 02-2635-1415
홈페이지 | www.inbumo.com 블로그 | blog.naver.com/hanulimkids
페이스북 책놀이터 www.facebook.com/hanulim
인스타그램 | www.instagram.com/hanulimkids

첫판 1쇄 펴낸날 | 2019년 6월 27일
ISBN 978-89-5827-122-2 13590

이 도서의 국립중앙도서관 출판예정도서목록(CIP)은 서지정보유통지원시스템 홈페이지(http://seoji.nl.go.kr)와
국가자료공동목록시스템(http://www.nl.go.kr/kolisnet)에서 이용하실 수 있습니다. (CIP제어번호: CIP 2019022789)